한국의 동굴

'오래된 시간의 문을 열다'
한국의 동굴

머리말

한국의 동굴 '오래된 시간의 문을 열다'

우리가 살고 있는 지구상에는 말로 형용할 수 없는 여러 가지 형태의 현상들이 존재하고 있으며 미지의 세계와 가상 속에 일어나는 일들이 눈앞에 펼쳐지기도 합니다.
우리는 작고 미미한 존재라고 생각할 수도 있지만 꼭 그렇다고 할 수도 없습니다.

아주 오래전부터 관심이 많았던 분야인 동굴이라는 테마를 두고 시작한 것인데 세상에 내어보내려 하니 많이 부족하고 부끄러운 생각이 먼저 듭니다.

동굴 하면 답답하다 하는 분들도 계셨고, 호기심이나 관심을 가질까 하시는 분도 계시고, 시간 낭비 하지 말라는 분들도 계셨습니다.
중요한 건 그래도 좋아하시는 분들이 계실 거라는 것입니다. 그분들을 위해 졸렬하고 미천하지만 최선을 다해 사진을 담았고, 조금 더 이해하실 수 있도록 원고를 작성해보았습니다.

  한 치의 앞도 보이지 않는 어둡고 컴컴한 암흑 속에도 생명이 살아가는 것처럼, 지금도 성장하고 있는 동굴 생성물처럼 그저 일어나는 현상들에 감사한 것처럼 여러분들에게 다가가길 바랍니다.

  이 책이 나올 수 있도록 배려해 주신 문화재 관계자 여러분들과 현장에 계신 해설사님들에게 다시 한번 진심으로 감사드립니다.
  좀 더 자세하고 좋은 책으로 다시 한번 뵙기를 기원합니다.

2021년 3월
김상일

목차

머리말 • 4
동굴이란?(What is CAVE?) • 10
동굴의 종류(Classification of Caves) • 10
동굴의 구분 • 11
동굴의 동·생물 • 12

1장 석회동굴(종유굴) Limestone Cave

1. 단양 고수동굴 • 19
2. 단양 온달동굴 • 29
3. 단양 천동동굴 • 37
4. 영월 고씨굴 • 42
5. 태백 용연동굴 • 48
6. 울진 성류굴 • 56
7. 정선 화암동굴 • 65
8. 삼척 환선굴 • 71
9. 삼척 대금굴 • 80
10. 동해 천곡황금박쥐동굴 • 89

석회동굴-(단양 고수동굴)

11. 평창 백룡동굴 • 98
12. 월악산 보덕굴 • 100
13. 익산 천호동굴 • 102
14. 삼척 관음굴 • 103
15. 삼척 초당굴 • 104
16. 단양 노동동굴 • 105
17. 정선 산호동굴 • 106
18. 평창 섭동굴 • 107
19. 정선 용소동굴 • 108
20. 영월 용담굴 • 109
21. 영월 연하동굴 • 110
22. 영월 대야동굴 • 111
23. 영월 명마굴 • 112
24. 영월 능암덕산굴 • 113
25. 영월 괴동굴 • 114
26. 강릉 동대굴 • 115
27. 강릉 서대굴 • 116
28. 강릉 옥계굴 • 117
29. 강릉 비선굴 • 118
30. 태백 월둔동굴(안경굴) • 119
31. 화순 백아산자연동굴 • 120
32. 삼척 저승굴 • 121
33. 삼척 활기굴 • 122
34. 단양 영천동굴 • 123
35. 합천 배티세일동굴 • 124
36. 안동 미림동굴 • 125
37. 문경 모산굴 • 126
38. 정선 비룡굴 • 127
39. 무주 마산동굴 • 128

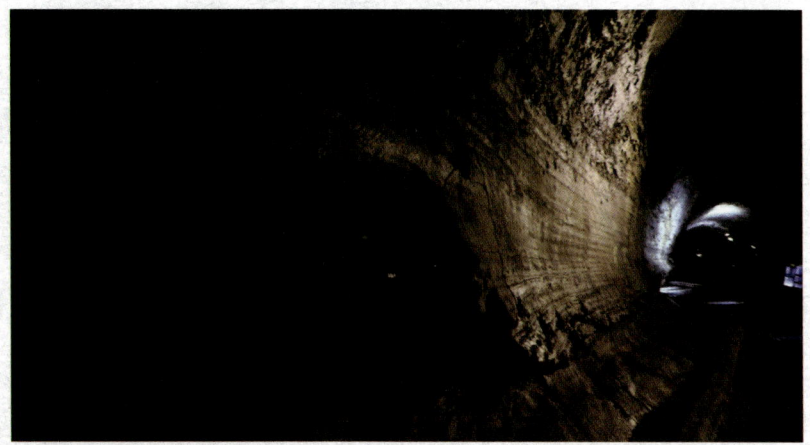

용암동굴-(제주 만장굴)

2장 용암동굴(화산굴) lava tude

1. 만장굴 • 135
2. 협재굴 • 142
3. 쌍룡굴 • 146
4. 미천굴 • 150
5. 김녕굴 • 152
6. 황금굴 • 153
7. 제주 어음리 빌레못동굴 • 154
8. 당처물동굴 • 155
9. 용천동굴 • 156
10. 제주 수산동굴 • 157
11. 선흘리 뱅뒤굴 • 158
12. 거문오름 용암동굴계 상류 동굴군
13. 제주 북촌동굴 • 161
   (웃산전굴, 북오름굴, 대림굴) • 159
14. 구린굴 • 162
15. 거문오름 수직굴 • 163

3장 해식동굴(해식애) Formation of Sea Caves

1. 부안 채석강 • 168
2. 감포 전촌항(사룡굴·단룡굴) • 172
3. 마라도 • 177
4. 제주도 우도 • 180
5. 태안 삼봉해수욕장(갱지동굴) • 184
6. 충남 보령 삽시도 • 188

인공동굴-(황우지해안 열두굴)

7. 서산 황금산해식동굴 • 192
8. 보령 장고도(명장섬) • 196
9. 인천 장봉도 • 200
10. 태안 용난굴 • 205
11. 제주 소정방해식동굴 • 208
12. 제주 비양도 • 210
13. 고성 상족암 • 215
14. 사천 남일대해수욕장 • 218
15. 태안 파도리해수욕장 • 221
16. 인천 승봉도해식동굴 • 225
17. 당진 장고항 • 229
18. 태안 구멍바위 • 232
19. 태안 가의도 • 235
20. 여수 오동도 • 238

4장 인공동굴

1. 제주 송악산해안 일제동굴진지 • 242
2. 제주 성산일출봉해안 일제동굴진지 • 243
3. 황우지해안 열두굴 • 244
4. 거문오름(일본군 갱도진지) • 245

해식동굴-(태안 용난굴)

❶ 석회동굴
❷ 용암동굴
❸ 해식동굴
❹ 얼음동굴

1. 동굴이란?(What is CAVE?)

　동굴은 자연현상에 의해 형성된 지하의 공동(텅 비어있는)을 말합니다. 일반적으로 동굴은 지하의 공동 중에서 사람이 드나들 수 있는 곳이며, 동굴 속에는 여러 가지 생성물들이 자라고, 생물들이 살고 있습니다. 동굴은 선사시대 사람들의 주거지였으며 전쟁 때는 피난 장소 등 여러 가지 목적으로 이용되어 왔습니다.

2. 동굴의 종류(Classification of Caves)

　동굴이 형성된 암석의 종류와 만들어지는 과정에 따라서 석회동굴, 용암동굴, 해식동굴, 석고동굴, 소금동굴, 사암동굴, 얼음동굴 그리고 인공동굴로 구분합니다.
　석회동굴, 석고동굴, 소금동굴, 사암동굴은 퇴적암 중에서 석회암, 석고층, 사암이 녹거나 깎이면서 만들어지며, 얼음동굴은 위도와 고도가 높은 추운 곳에서, 용암동굴은 화산 활동이 있었던 지역에서, 해식동굴은 파도에 암석이 깎이면서 만들어지며, 인공동굴은 석탄·금·은 등을 캐거나 군사적 혹은 여러 가지 목적을 위해 인위적으로 만들어진 것입니다.

3. 동굴의 구분

① 석회동굴(종유굴) Limestone Cave

퇴적암에 속하는 석회암이 지하수나 빗물의 용식(빗물이나 지하수가 암석을 녹이며 깎여나가는 현상)과 용해(두 물질이 균일하게 섞일 때) 작용을 받아 만들어진 것으로, 지층 밑에서 물리적인 작용과 화학적 작용에 의하여 이루어진 동굴을 말합니다.

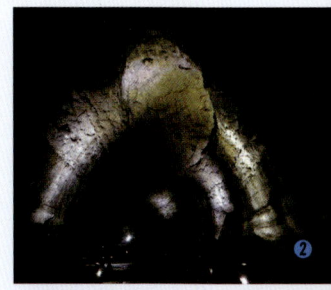

② 용암동굴(화산굴) lava tude

화산이 폭발하여 용암이 지표면을 흘러내릴 때 그 용암류 속에서 형성된 동굴입니다.

③ 해식동굴(해식애) Sea Caves

파도에 의해 만들어진 동굴로써, 해안으로 밀려오는 파도가 오랜 시간에 걸쳐 해안의 약한 부분을 깎아내면서 만들어진 동굴입니다.

④ 석고동굴(Formations in Gypsum Caves)

석고로 이루어진 퇴적암층에서 발달하는 동굴입니다.

석고라는 광물은 석회암보다 빗물이나 지하수에 잘 녹기 때문에 석고 층이 지표에 노출되면 쉽게 동굴이 형성됩니다.

석회동굴과 같이 동굴이 만들어지는 과정은 비슷합니다. 우리나라에는 없으며 지중해 연안, 미국의 서부지역과 우크라이나 등지에서 발견됩니다.

⑤ 소금동굴(Formations in Halite Caves)

생성과정은 석고동굴과 비슷하며 다만 소금동굴은 암염이라는 광물로 이루어진 퇴적층 내에 만들어진 동굴을 말합니다.

암염은 석고보다 빗물에 더 잘 녹기 때문에 빠르게 동굴이 만들어지기도 하지만 그 형태가 변화하는 것도 역시 빠릅니다.

인공동굴

⑥ 사암동굴(Sandstone Caves)

모래가 퇴적되어 사암으로 변한 후 지각변동에 의하여 지표면에 노출되면서 바람에 의해 깍이거나 지하수에 용해되어 생깁니다.

⑦ 얼음동굴(Formations in Ice Caves)

주로 추운 지방에서 만들어지는 동굴로써 남극이나 북극처럼 높은 위도의 지역이나 높은 산악지대에 있는 빙하의 속에 만들어지는 동굴입니다. 빙하의 표면이 녹으면서 깊은 계곡이 만들어지고 내부가 녹으면서 동굴이 형성되는 것입니다.

⑧ 인공동굴

목적에 따라 굴착된 동굴로 산업용이나 군사용 목적이 대부분입니다.

4. 동굴의 동·생물

동굴 속에는 어떤 동·생물들이 살고 있을까요?

어둡고 습한 동굴 속에서도 생명은 살고 있습니다. 동굴은 생명이 살기 힘든 척박한 조건이지만, 환경 변화나 생존경쟁이 치열하지 않아 지상에서는 멸종된 희귀 동·생물이 남아 있기도 합니다.

동굴 속에서 살아가는 대표적인 동물로 박쥐가 있습니다. 박쥐의 종류로는 관박쥐, 토끼박쥐, 붉은박쥐 등이 있습니다. 박쥐 중에서 큰 편에 속하는 관박쥐는 코가 말 편자(U 자) 모양으로 생겨서 '말편자박쥐'라고도 하며 동굴 깊숙한 곳보다는 입구 쪽에 주로 서식합니다. 토끼박쥐는 '긴귀박쥐'라고도 하며 주둥이가 짧고 귀가 긴 것이 특징입니다. 붉은박쥐는 몸 전체가 선명한 주황색(오렌지색)을 띠고 있어 '오렌지윗수염박쥐' 또는 '황금박쥐'라고 하며 현재 멸종 위기종으로 보호받고 있습니다. 그 외 도롱뇽, 동굴딱정벌레 등이 대표적인 동물입니다.

동굴성 생물이라면 일반적으로 진 동굴성 생물과 호 동굴성 생물 두가지로 나눌수 있습니다.

진 동굴성 생물: 지상에서는 살지 않고 오직 동굴 속에서만 살고 있는 생물들로 대부분 동굴 생물의 일반적인 특징을 나타내고 있습니다. 눈이나 날개 기관이 퇴화하였고, 색소의 결핍을 보이며, 감각모를 비롯한 다리와 체모가 비정상적으로 길게 발달하였습니다. 호흡, 생식, 식성 등이 특이한 적응과 진화를 해오고 있으며 굴 내부의 수중이나 토양에 서식하며 적은 양의 먹이로도 오랫동안 생존할 수 있습니다. 그리고 이처럼 열악한 생존 조건으로 인해 생식능력이 낮아 같은 종류의 생물이라도 땅 위에서는 3개월 주기로 번식한다면 동굴 속에서는 길게 2~3년 주기로 번식합니다. 진 동굴성 생물에는 곤봉혈띠노래기, 장님굴새우, 장님좀먼지벌레, 등줄굴노래기 등이 있습니다.

호 동굴성 생물: 동굴 속에서 정상적인 생활을 하며 세대를 거듭하는 생물들로 암흑, 저온, 다습한 동굴 환경과 유사한 땅 표면이나 땅 속 환경에서도 사는 생물을 말합니다. 이들은 진 동굴성으로 옮겨가는 과정에 있는 것으로 보이며 토양 생물 가운데 많은 수가 이에 해당합니다. 호 동굴성 생물에는 일부 도롱뇽, 긴넙적다리삼당노래기, 김띠노래기, 잔나비거미 등이 있습니다.

❶ 작은납작머리박쥐
❷ 황금박쥐 표본
❸ 장님굴새우
❹ 등줄굴노래기
❺ 긴넓적다리삼당노래기

1장_ 석회동굴(종유굴)
Limestone Cave

 퇴적암에 속하는 석회암이 지하수나 빗물의 용식과 용해 작용을 받아 만들어진 것으로, 지층 밑에서 물리적인 작용과 화학적 작용에 의하여 이루어진 동굴을 말합니다.

 시간이 지날수록 지하수가 지나는 통로는 점점 커지고 이후 지하수가 더 아래쪽으로 새로운 물길을 발달시키면서 기존의 통로는 동굴로 남게 되는 것이며, 용식에 의해 만들어진 동굴이 1차 지형이라면, 지하수 속에 포함된 탄산칼슘이 침전되어 만들어지는 종유석, 석순, 석주 등은 2차 생성물입니다.

 종유석은 동굴의 천장에서 중력 방향으로 탄산칼슘이 침전되어 발달하는 것이며, 반대로 동굴 바닥에서 위로 발달하는 것은 석순이라고 합니다.
 종유석과 석순이 점점 더 발달하여 연결되면서 기둥 모양을 이루고 있는 것을 석주라고 하며, 이러한 2차 생성물은 형태와 모양이 매우 다양하여 커튼, 산호, 진주 등의 이름으로 불립니다.

동굴모형도- 삼척 동굴신비관

☑ 다양한 동굴 생성물

1. 종유관(soda straw): 천장에 맺혀 있는 물방울 주변에서 형성되는 것입니다.
2. 종유석(stalactite): 천장에서 물방울이 떨어지면서 밑부분이 뾰족한 형태로 아랫방향으로 자라는 것입니다.
3. 석순(stalagmite): 종유석에서 물방울이 바닥에 떨어지면서 종유석과 반대로 바닥으로부터 천장을 향해 자라나는 석회 생성물입니다.
   (종유석과 석순은 일 년에 평균 0.1~0.2㎜씩 자라, 100년이 지나도 1~2㎝ 밖에 자라지 않기 때문에 우리가 보는 동굴에는 감히 가늠할 수 조차 없는 수천만 년의 세월이 스며 있습니다. 이 밖에도 제멋대로 자란 곡석, 동굴의 꽃 석화 등이 지금도 동굴 속에서 진기한 형태로 계속 자라나고 있습니다)

4. 석주(column): 종유석과 석순의 발달이 계속되어 서로 맞닿아 기둥모양을 이룬 생성물입니다.
5. 동굴커튼(cave curtain): 경사진 천장과 벽면을 따라서 커튼 모양으로 만들어집니다.
6. 유석(flow stone): 천장이나 벽면에서 흘러내리는 물이 지나가는 표면에서 자랍니다

7. 휴석(rimstone): 물이 경사진 바닥을 흐를 때 계단식 논 모양으로 만들어집니다.
8. 동굴진주(cave pearl): 물방울이 바닥의 홈으로 떨어지면서 홈 속에서 만들어집니다.
9. 동굴산호(cave coral): 바다에 있는 산호처럼 다양한 형태를 보여줍니다.

❶ 종유관 군락   ❹ 석주
❷ 종유석   ❺ 커튼
❸ 석순   ❻ 유석

❶ 휴석　❺ 곡석
❷ 동굴진주　❻ 동굴방패
❸ 동굴산호　❼ 녹색오염
❹ 석화　❽ 흑색오염

10. 석화(anthodite): 꽃 모양처럼 한 지점에서 여러 방향으로 성장하는 것입니다.
    (빛이 없는 동굴, 그 암흑 속에서도 꽃은 핍니다.) 돌로 핀 꽃 석화(石花)는 살아있는 식물은 아니지만 동굴의 벽면이나 천장에서 피어나 동굴을 더욱 아름답게 만들어주는 신비한 생성물입니다.
11. 곡석(halictite): 뒤틀린 모양으로 일정한 방향없이 성장합니다.
12. 동굴방패(cave shield): 동굴 생성물로써 방패 모양과 비슷합니다.

☑ 알아볼까요?

녹색 오염이란?
조명의 열 때문에 조류, 지의류, 이끼류 등에 의한 오염 현상입니다.

흑색 오염이란?
관람객이 손으로 만지거나 분진이 쌓여서 검게 변하는 현상을 말합니다.

1. 단양 고수동굴

천연기념물 제256호

고수동굴이 있는 지역은 석회암 지대로 근처에는 천동동굴(시도 기념물제19호), 노동동굴(천연기념물 제262호), 온달동굴(천연기념물 제261호) 등 많은 석회동굴이 분포되어 있습니다.

이 지역의 석회암은 지금으로부터 약 4억 5천만 년 전인 고생대 오르도비스기에 퇴적된 것입니다. 이 석회암층은 한반도가 작은 대륙으로 적도 부근에 위치하고 있을 때 얕은 바다에서 퇴적된 퇴적물이 암석으로 변한 것입니다. 중생대 동안(약 2억 3천만 년~6천 500만 년 전) 북쪽으로 이동한 대륙은 현재의 위치에 도착한 후 지금의 육지가 되었으며 그 후 오랫동안 빗물이 지하로 스며들어 석회암을 천천히 녹이면서 고수동굴이 만들어졌습니다.

동굴의 총 길이는 1,395m이며, 현재 공개하여 관광코스로 이용되고 있는 구간은 940m이고, 안쪽의 미공개 지역 455m는 동굴환경을 보존하기 위하여 출입통제구역으로 설정되어 있습니다. 고수동굴의 지하수는 마치 뱀이 움직이듯 구불구불한 모양으로 흐르면서 아래층의 통로가 형성되었고, 위에 있는 좁은 통로도 석회암의 약한 틈(절리면)을 따라 흐른 물에 의해 석회암이 녹으면서 복잡한 형태를 이루고 있습니다.

에이리언 종유석

동굴 내부에는 동굴의 수호신이라고 할 수 있는 사자바위를 비롯하여 웅장한 폭포를 이루는 종유석, 선녀탕이라 불리는 물웅덩이와 고드름 형태를 띤 7m 길이의 거대한 종유석이 있습니다. 그 밖에도 땅에서 돌출되어 올라온 석순, 석순과 종유석이 만나 기둥을 이룬 석주와 곡석, 석화, 동굴산호, 동굴진주, 동굴선반, 천연교, 천장용식구 및 세계적으로 희귀한 아라고나이트가 만발하여 석회암동굴 생성물의 일대 종합전시장을 이루고 있습니다. 동굴내부의 기온은 연평균 약15°, 습도는 95%, 수온은 10-11°를 유지하고 있으며, 동굴내부에는 고수갈르와벌레, 아시아동굴옆새우, 씨벌레류등 총 46종의 다양한 생물이 살고 있습니다.

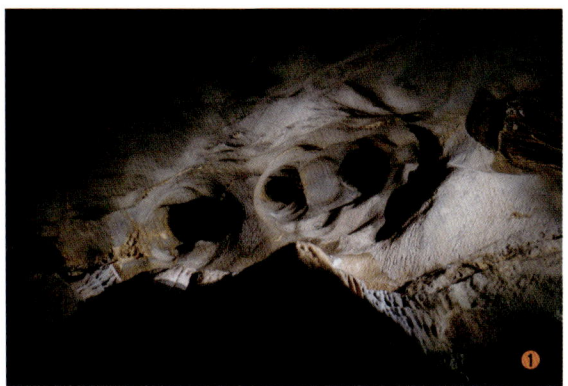 

1. 용식공

　동굴 속에는 벽이나 천장을 이루고 있는 석회암이 여러 형태로 변하면서 움푹 들어가거나 툭 튀어나온 부분이 여러 가지 모양을 이루고 있는데 이것은 동굴 벽 속으로 움푹 들어간 모양입니다. 이것을 용식공이라 하는데 동굴이 만들어진 다음에 동굴 속을 흐르던 물이나 동굴 속 공기 중의 수증기에 의하여 석회암이 녹으면서 만들어졌다고 합니다.

2. 허공에 떠있는 암석

　이런 형태의 동굴 생성물은 과거에 이 동굴 생성물의 바닥까지 퇴적물이 쌓여있었다는 것을 알려주는 것입니다. 퇴적물 위로 이 동굴 생성물이 자란 후에 동굴바닥까지 흐르던 하천에 의해 퇴적물이 다시 깎이고 사라지면서 이런 형태가 만들어집니다.

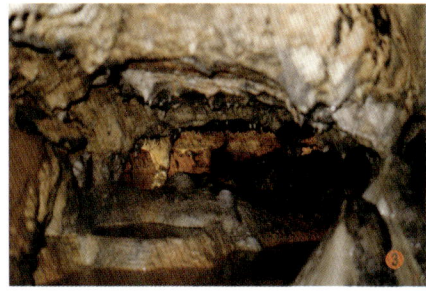 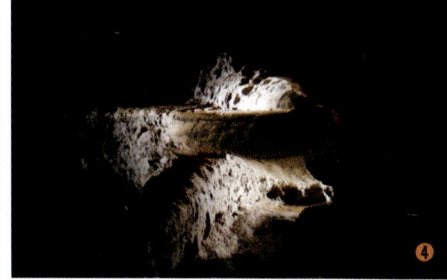

❶ 용식공
❷ 허공에 떠있는 암석
❸ 미니동굴
❹ 과거 동굴 속에 물이 흐른 곳

1. 단양 고수동굴

3. 천장에 있는 관
편평하게 보이는 천장의 좁고 구불구불한 홈은 동굴 속을 흐르던 물이 천장까지 차오르면서 천장의 약한 틈 사이로 물이 들어가게 되고 석회암을 깍고 녹이면서 원형 또는 반원형의 관이 만들어지는 것입니다.

4. 자갈
동굴 벽면에 자갈이 있는 이유는 과거 동굴 속을 흐르던 물의 수면이 높았으며, 그 물이 아주 빠르게 흘렀기 때문입니다. 동굴 속에서 흐르는 물은 바깥 환경 변화에 따라 수면이 높았다 낮아졌다 하면서 바닥에 퇴적물을 쌓기도 하고 깍기도 합니다. 그때 자갈이 퇴적물로 동굴 바닥에 쌓였던 것이며 지금은 거의 다 깍여져서 없어지고 이 부분만 남은 것입니다.

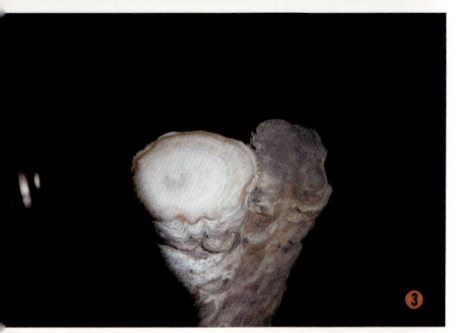

5. 석순나이테
석순을 잘라보면 나무의 나이테처럼 보이는 둥근 선들을 성장선이라고 합니다. 성장선은 석순이 자라다가 자라는 것을 잠시 멈추면 만들어지고, 석순을 자라게 한 물속에 다른 성분이 포함될 때도 만들어집니다. 그러나 나무의 나이테처럼 1년에 한 번씩 만들어지지는 않습니다.

❶ 천장에 있는 관
❷ 자갈
❸ 석순나이테
❹ 천장에있는 모래와 작은 돌
❺ 노치와 니치

6. 유석

유석은 벽면에서 흘러내리는 물에 의해서 자랍니다.

7. 박쥐 서식지

박쥐 서식지의 천장이 검은 이유는 이곳이 박쥐가 매달렸던 자리로 박쥐의 몸에서 나온 유기물들이 암석의 표면에 묻어서 검게 변한 것입니다.

지금까지 관박쥐, 물윗수염박쥐, 붉은박쥐 등이 발견된 고수동굴 아래 바닥에 쌓인 박쥐의 배설물인 구아노는 동굴에 사는 다른 생물들의 중요한 먹이가 됩니다.

❶ 유석
❷ 박쥐 서식지
❸ 종유석과 석순
❹ 용바위
❺ 종유석과 베이컨시트

천당못

다랭이논

독수리바위

8. 석주

동굴 천장에서 고드름 종유석이 자라고 종유석에서 떨어지는 물에 의해 동굴 아래쪽에서는 석순이 자랍니다. 종유석은 동굴의 아래쪽 방향으로, 석순은 동굴의 위쪽 방향으로 자라기 때문에 오랜 시간이 지나면 서로 만나게 됩니다. 이것을 석주라고 합니다.

9. 휴석소

동굴의 경사진 바닥에 물이 천천히 흐르면 논두렁처럼 생긴 동굴 생성물이 성장하게 됩니다. 이것을 '휴석'이라고 하며, 휴석 속에 물이 많이 고여 있으면 '휴석소'라고 합니다.

10. 미공개 구간

우리가 볼 수 없는 고수동굴의 총 길이는 455m로 바닥에 지하수가 흐르고 있어 입구 통로의 물을 빼내야만 이곳의 출입이 가능 합니다. 미공개 구간의 끝부분은 물이 고여 있는 작은 호수로 되어 있어 동굴이 얼마나 더 길고 큰지 알 수 없지만 이곳에서도 여러 동굴 생성물들은 자라고 있을 것입니다.

❶ 석주
❷ 휴석(소)
❸ 미공개 구간

단양 고수동굴의 다양한 동굴 생성물

❶ 천년의 사랑
❷ 이천년의 사랑
❸ 천지창조
❹ 큰 석순
❺ 백층탑

❶ 만물상　　❺ 건열구조
❷ 문어바위　　❻ 동굴방패
❸ 베이컨시트　❼ 뱀바위
❹ 성모마리아상

1. 단양 고수동굴　27

2. 단양 온달동굴

천연기념물 제261호

온달동굴은 옛날 온달장군이 성을 쌓았다는 온달산성의 밑에 있기 때문에 붙여진 이름으로 생성시기는 최장 4억 5천 년 전으로 추정하고 있습니다. 동굴의 총 길이는 700m가량 되며 입구에서부터 이어진 주굴(主窟)과 이곳에서 갈라진 5개의 지굴(支窟)로 구성되어 있으며, 연한 회색의 석회암으로 이루어져 있습니다. 온달동굴의 출입구는 해발 약 160m이며, 남한강 수면으로부터 약 10m로 홍수기에는 침수되기도 합니다.

동굴이 물에 잠겨 동굴에 사는 생물은 찾아볼 수 없고, 강물이 동굴 내부를 깎아내려 비교적 단조로운 형태입니다.

❶ 온달산성
❷ 온단동굴 입구

협곡 형태의 동굴 속에는 단층면이나 절리면을 따라 종유석, 석순, 석주 등의 동굴 생성물들이 발달되어 있습니다. 신동국여지승람 제14권 충청북도 영춘현의 고적 조항에는 동굴 내부의 모습과 함께 '석굴'로 기록되어 있습니다.

❶ 거북이
❷ 구룡폭포
❸ 고니와 투구
❹ 구봉팔문
❺ 궁전

단양 온달동굴의 다양한 동굴 생성물(Ⅰ)

❶ 큰 석순   ❹ 종유관   ❼ 석주
❷ 돌기둥   ❺ 동굴산호   ❽ 석화
❸ 둥근석순   ❻ 유석   ❾ 여러 형태의 유석

❶ 극락전　　❺ 해탈문
❷ 극락전　　❻ 무량탑
❸ 만물상　　❼ 물이 흘르던 곳
❹ 해탈문　　❽ 부부상

단양 온달동굴의 다양한 동굴 생성물(Ⅱ)

❶ 산삼
❷ 사천왕상
❸ 석문
❹ 선녀와 나무꾼
❺ 성모마리아상
❻ 휴석소와 휴석

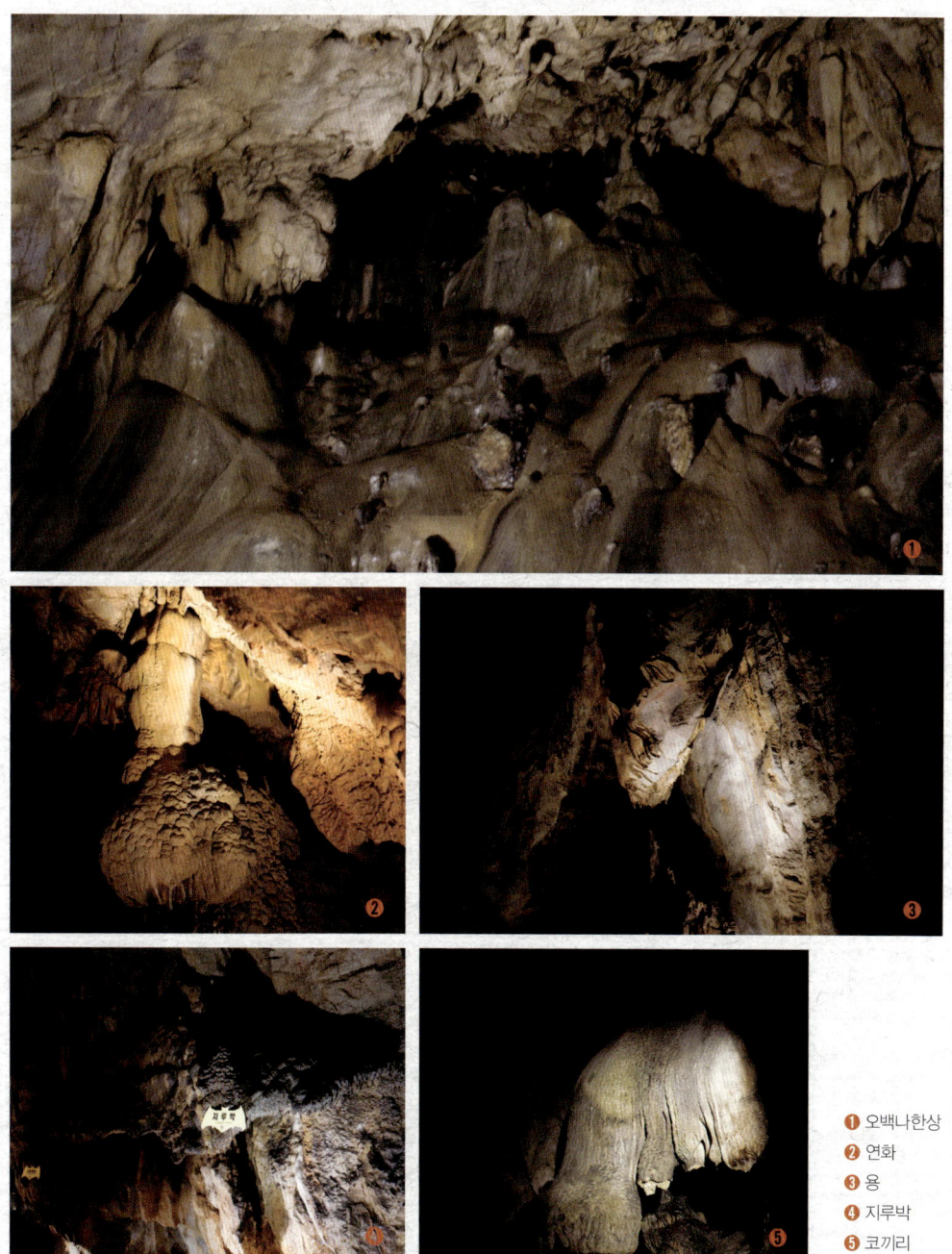

❶ 오백나한상
❷ 연화
❸ 용
❹ 지루박
❺ 코끼리

3. 단양 천동동굴

충청북도 기념물 제19호

어두운 회색을 띤 석회암으로 이루어진 동굴로 총 길이는 200m 정도입니다. 지금으로부터 약 4억 5천만 년 전에 생성되었습니다.

동굴은 입구가 좁아 허리를 숙이고 기어들어가야 하며, 반달 모양의 공간 안에는 종유석, 석순, 석주가 펼쳐져 있고, 맑은 지하수가 고여있는 3개의 물웅덩이 안에는 둥근 포도알처럼 생긴 포도상구상체가 있으며, 꽃쟁반이라 불리는 석회암으로 된 바위는 세계적으로 희귀한 동굴 생성물입니다.

동굴 천장을 가득 메우고 있는 돌고드름과 넓게 퍼져있는 돌주름, 그리고 가는 종유석들이 매우 정교하고 섬세합니다.

❶ 동굴입구
❷ 지하계단
❸ 종유석
❹ 수중 포도상구상체
❺ 거대석순

38　1장_ 석회동굴(종유굴) Limestone Cave

단양 천동동굴의 다양한 동굴 생성물(Ⅰ)

❶ 동굴방패
❷ 동굴산호
❸ 석화
❹ 석주
❺ 종유석
❻ 유석
❼ 석순과 석주

단양 천동동굴의 다양한 동굴 생성물(Ⅱ)

❶ 꿈의 궁전
❷ **조약돌**: 지구의 천지개벽으로 바다가 산으로 진화한 모습들을 상상할 수 있고, 지질학적으로 매우 의미가 있으며 세계 어느 곳에서도 볼 수 없는 귀중한 천연자원입니다.
❸ 석불
❹ 성모마리아상

1장_ 석회동굴(종유굴) Limestone Cave

❶ 수중 포도상 구상체
❷ 영지버섯
❸ 거대 닭발
❹ 정글지대
❺ 북극 고드름

4. 영월 고씨굴
천연기념물 제219호

영월 고씨굴은 남한강 상류에 있으며 임진왜란 때 의병장 고종원(高宗遠) 일가가 이곳에 숨어 난을 피하였다 하여 "고씨굴"이라고 합니다.

동굴의 총 길이는 3㎞ 정도이며 형태는 대략 W자를 크게 펴놓은 듯하며, 지금으로부터 약 4~5억 년 전에 생성되었습니다. 전형적인 석회동굴의 형태를 띠고 있으며 여러 층으로 이루어져 있는 것이 특징입니다.

4개의 호수와 3개의 폭포, 10개의 광장이 있는 고씨굴 안에는 고드름처럼 생긴 종유석과 땅에서 돌출되어 올라온 석순이 널리 분포해 있으며, 화석으로만 존재한다고 믿어왔던 갈루아벌레(귀뚜라미붙이)가 서식하고 있습니다.

고씨굴은 다른 동굴에 비하여 동굴 속에서만 살아가는 희귀한 생물들이 많이 서식하고 있습니다.

❶ 까만석주
❷ 종유관
❸ 종유폭포(유석)
❹ 석주
❺ 석주와 유석

4. 영월 고씨굴

층리면

석회동굴을 만드는 석회암은 오래 전 바다에서 살던 생물들이 죽어서 쌓인 암석입니다. 퇴적암은 강이나 호수, 바다와 같은 지역에 퇴적물이 쌓여서 만들어진 암석이며 퇴적물들이 오랜 시간 동안 서서히 쌓여가면서 퇴적암의 평평한 면이 만들어지는데 이것을 '층리면'이라고 합니다.

욕선대

동굴 속에는 다양한 종류의 작은 생물들이 살고 있습니다. 구리로 만든 동전을 물속에 던지면 구리 성분 때문에 물이 오염되고 그곳에서 살아가는 생물들에게 나쁜 영향을 주거나 잘못하면 생물들이 죽을 수도 있습니다.

무량탑

이 무량탑은 석순입니다. 여러 층으로 이루어져 있으며 각층은 마치 유석처럼 물이 흘러내리면서 만들어진 동굴 생성물이 표면을 덮고 있어서 재미있는 모양으로 자라고 있습니다.

여러 형태의 석순

이곳에 있는 석순을 잘 살펴보면 키가 큰 석순, 키가 작은 석순, 뚱뚱한 석순, 날씬한 석순 등 여러 모양이 있는데, 석순의 형태는 천장에서 떨어지는 물의 양과 속도, 천장의 높이 때문에 다른 형태의 모양을 하고 있습니다.

여러 가지 색을 띠고 있는 유석(부동암)

여러 색의 유석이 자라는 것은 천장으로부터 이곳에 물이 떨어지고 있기 때문입니다. 유석의 색이 제각기 다른 것은 한 가지 색을 띠는 유석이 다른 색의 유석에 의해 덮여 있으며, 이것은 이 유석들이 서로 다른 때에 자랐다는 것을 알려주는 것입니다.

❶ 층리면
❷ 욕선대
❸ 무량탑
❹ 여러 가지 색을 띠고 있는 유석(부동암)
❺ 여러 형태의 석순 (오백나한)
❻ 유식공

유식공

동굴 속에는 벽이나 천장을 이루고 있는 석회암이 여러 모양으로 변한 것들이 많은데, 이곳은 벽 속으로 움푹 들어간 모양을 하고 있습니다. 이것은 동굴이 만들어진 후에 동굴 속을 흐르던 물이나 동굴 속 공기 중의 수증기에 의해 석회암이 녹으면서 만들어진 것입니다.

☑ 우리나라 동굴 기네스

우리나라 최대 석회동굴: 삼척 환선굴 약 8.5km
우리나라 최장 수직동굴: 정선 유문동 수직동굴 약184m
우리나라 최대 용암동굴: 제주 빌레못동굴 약 11.7km

4. 영월 고씨굴

영월 고씨굴의 다양한 동굴 생성물

❶ 천사의 기도
❷ 등용문
❸ 끊어진 다리
❹ 만장폭포
❺ 십이선
❻ 용의 머리

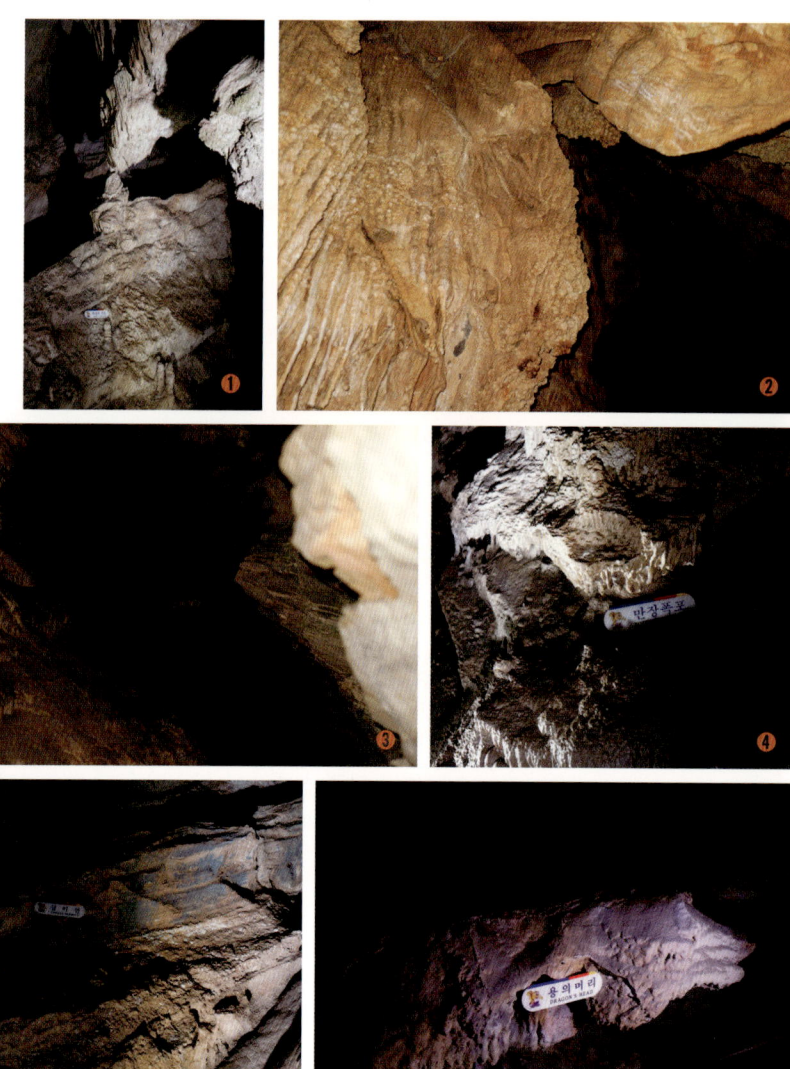

❶ 연꽃바위
❷ 연정루(석주와 유석)
❸ 옥좌
❹ 녹색 오염
❺ 부동암

5. 태백 용연동굴
강원도 기념물 제39호

태백 용연동굴은 국내 유일의 최고(最高)(백두대간의 중추인 금대봉 하부능선 해발 920M))지대에 위치한 건식 석회동굴입니다.
고생대 오르도비스기(약 5억 년 전부터 6000~8000만년 간 지속된 고생대의 한기)에 퇴적된 석회암이 지난 수백 년간 빗물과 지하수가 서서히 녹아서 만들어진 석회동굴로써, 총 길이는 826m이며, 지금으로부터 약 3억 년 전에서 1억 5천만~3억 년 전 사이에 생성되었습니다.

용연동굴은 여러 갈래로 갈라져 있으며 동굴 중앙에 폭 50m, 길이 120m, 높이 30m의 넓은 공간이 있고, 종유석과 석순이 많으며, 산호 모양의 생성물도 있습니다. 긴다리장님좀딱정벌레를 비롯한 6종류의 동굴 생물이 발견되어 전 세계 동물학회와 곤충학회의 주목을 받았습니다.

용연동굴은 선조 25년 임진왜란(1592) 때 활동하던 의병들이 모이는 본부 역할을 했다고 합니다. 또한 유배된 사람이 동굴 안에서 생을 마치면서 유서를 남겨 놓았다는 이야기도 전해지고 있으며 국가에 변란이 있을 때마다 피난처로 이용되었던 곳이기도 합니다.

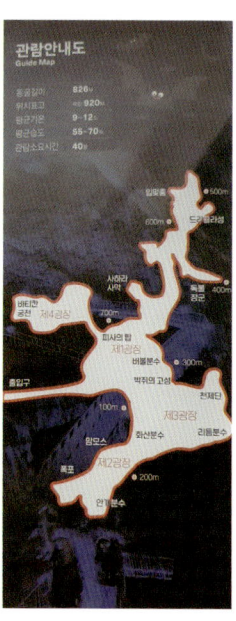

5. 태백 용연동굴

❶ **이무기의 눈물**: 휴석이라는 동굴 생성물로 천장에서 떨어지는 물이 퍼져 흐르면서 계단식 논 형태로 자라는 것입니다.

❷ **등용문**: 여기 통로는 지하수가 동굴 속을 흐르면서 동굴의 벽면과 바닥을 녹이거나 깍아서 확장되었고 벽면에는 종유석과 동굴산호가 자라고 있습니다.

❸ **동굴산호**: 벽면으로부터 스며나오는 물에 의해서 성장합니다.

❹ **해태상**: 천장으로부터 떨어진 물에 의해 자라는 석순입니다.

1장_ **석회동굴(종유굴)** Limestone Cave

❶ **바티칸궁전**: 벽면을 따라 흐르는 물에 의해서 자라는 유석입니다.

❷ **샘물(휴석)**: 물이 바닥을 흐르면서 계단식 논 모양으로 자라는 동굴 생성물입니다.

❸ **병풍바위와 두 얼굴**: 벽면을 따라 흐르는 물에 의해서 자라는 유석입니다.

❹ **사천왕(석주)**: 유석은 벽면과 바닥을 흐르는 물에 의해서 자라고 석주는 종유석과 석순이 만나서 형성됩니다. (소중한 자연 자원에 이렇게 하는 사람도 있습니다.)

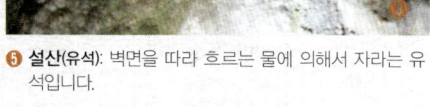

❺ **설산(유석)**: 벽면을 따라 흐르는 물에 의해서 자라는 유석입니다.

❶ 소망궁(석순)

❷ 양의 얼굴(유석)

❸ 엄마방

❹ 드라큐라성(석순과 유석)

❺ 꿈의 궁전

❻ 박쥐의 고성(유석): 천장의 용식구로부터 벽면에 물이 흘러내리면서 형성된 유석입니다.

52　1장_ 석회동굴(종유굴)　Limestone Cave

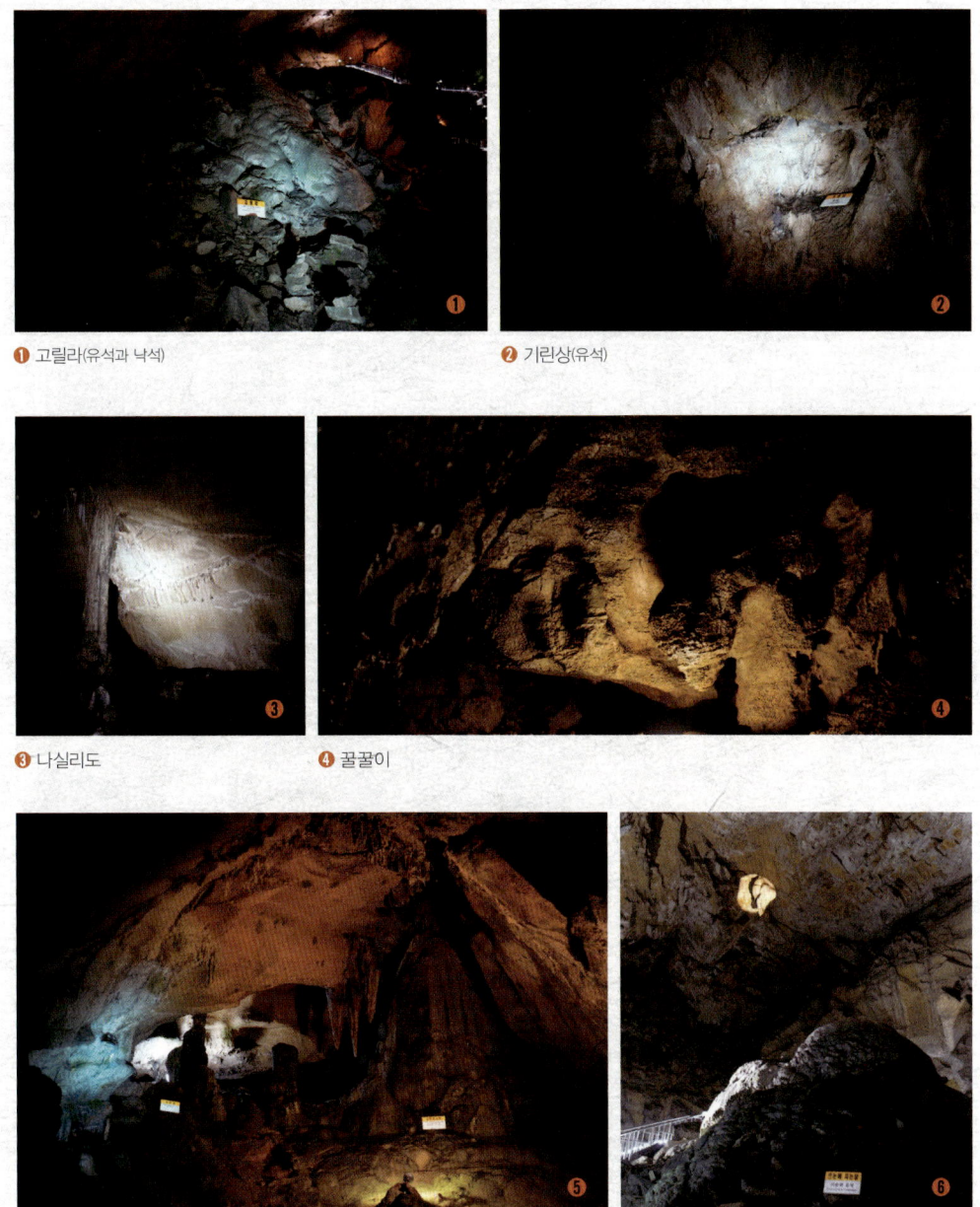

❶ 고릴라(유석과 낙석)   ❷ 기린상(유석)

❸ 나실리도   ❹ 꿀꿀이

❺ 낙타성과 사하라사막   ❻ 뜨는 해 지는 달

5. 태백 용연동굴

❶ 두꺼비

❷ 맘모스(석주)

❸ 큰 송이(석순): 천장으로부터 떨어진 물에 의해서 자랍니다.

❹ 입맞춤

❺ 태백산

❻ 조스의 두상

❼ 염라대왕(유석): 천정으로부터 떨어지는 물에 의해 자란 석순과 바닥과 벽면을 흐르던 물에 의한 유석입니다.

❽ 환희(유석): 벽면이나 경사진 바닥을 흐르던 물에 의해 자란 유석입니다.

54   1장_ 석회동굴(종유굴) Limestone Cave

❶ 유석

❷ 지옥문

❸ 천제단

❹ 초의 눈물(석주): 종유석과 석순이 만나서 생성된 동굴 생성물입니다.

❺ 해파리(유석)

❻ 피사의 사탑(유석): 벽면을 따라 흐르는 물에 의해 자라나는 유석입니다.

5. 태백 용연동굴

6. 울진 성류굴
천연기념물 제155호

울진성류굴

울진 성류굴은 탱천굴(撑天窟)·선유굴(仙遊窟)이라고도 합니다. 자연 조형이 금강산을 방불케하여 일명 지하금강이라고 불리기도 합니다. 불영사 계곡 부근에 있으며 길이는 915m(수중동굴 구간 포함) 정도이며, 석회암으로 구성되어 있으며 색깔은 담홍색·회백색 및 흰색을 띠고 있습니다.

동굴 안에는 9곳의 광장과 수심 4~5m의 물웅덩이 3개가 있으며 종유석·석순·석주 등 다양한 동굴 생성물이 고루 분포하고 있습니다.

성류굴은 신선들이 한가로이 놀던 곳이라는 뜻으로 선유굴이라 불렸으나 임진왜란(1592) 때 왜군을 피해 불상들을 굴 안에 잠시 모셨다는데서 유래되어 성스러운 부처가 머물던 곳이라는 뜻의 성류굴이라고 부르게 되었습니다. 또한 임진왜란 때 주민 500여 명이 굴속으로 피신하였는데 왜병이 굴 입구를 막아 모두 굶어 죽었다고 전해지기도 합니다.

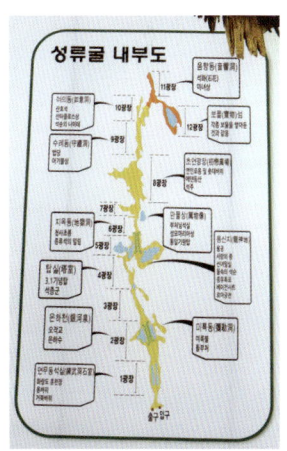

6. 울진 성류굴 57

덧바닥

통로의 벽면을 따라 밑이 비어있으며, 동굴바닥처럼 보이는 것을 말합니다. 덧바닥의 아래에는 굳지 않은 퇴적물이 채워져 있습니다. 즉 처음에 퇴적물이 동굴바닥에 쌓이고, 그 위를 물이 흐르면서 탄산칼슘이 침전되어 굳어져 퇴적물 위를 덮게 됩니다. 그 이후 동굴바닥에 물이 흐르면서 굳지 않은 퇴적물은 모두 깎여 나가고 위에 있던 굳은 부분만 남은 것입니다.

부처님 석실

이곳은 많은 석순들이 좁은 지역에서 자라고 있습니다. 그 이유는 천장으로부터 여러 곳에 물방울이 떨어지기 때문입니다. 물이 떨어지는 속도와 양에 따라 서로 다른 형태의 석순으로 자라는 것입니다.

동굴산호

가장 흔한 동굴 생성물입니다. 실제 살아있는 산호가 아니며 바닷속의 산호처럼 여러 모양을 보여주기 때문에 붙여진 이름입니다.

❶ 덧바닥
❷ 덧바닥
❸ 부처님 석실
❹ 동굴산호
❺ 수중생물

수중생물

동굴에는 빛이 전혀 없기 때문에 광합성을 하는 식물은 자랄 수가 없습니다. 동굴 속에 적응하여 사는 동물들은 동굴 속의 다른 동물들을 잡아 먹거나 박쥐의 배설물인 구아노를 먹이로 이용합니다. 동굴 속에는 우리가 상상하는 것보다 다양한 동물들이 살고 있으며 물고기류나, 도롱뇽처럼 큰 동물부터 새우류, 거미류, 노래기류와 같은 작은 동물 그리고 나방류 같은 곤충들도 살고 있습니다.

석순의 단면

석순의 단면에는 나무의 나이테처럼 성장선이 있습니다. 이러한 성장선을 통해 석순이 자라는 동안 지하수의 성분이 변화했다는 것과 석순의 성장과 멈춤의 변화 또는 성장 속도가 변했다는 것을 알 수 있습니다.

동굴 호수와 석순, 석주

물속의 석순으로 이곳의 석순은 호수 속에 잠겨있습니다. 석순은 천장에서 떨어지는 물에 의해서 만들어지는데, 과거 석순이 자랄 때 호수에 물이 없었거나 호수의 수면이 낮은 상태였을 것으로 추정됩니다.

동굴 생성물

국내 석회동굴 내에 나타나는 동굴 생성물은 방해석과 아라고나이트라는 광물질로 이루어져 있으며 주 화학성분은 탄산칼슘으로써 바다에 사는 조개껍질이나 산호의 성분과 같습니다.

이곳 성류굴 내의 동굴 생성물은 대부분 방해석이라는 광물로 이루어져 있습니다.

❶ 석순의 단면
❷ 동굴호수와 석순, 석주
❸ 동굴 생성물
❹ 동굴호수

울진 성류굴의 다양한 동굴 생성물(Ⅰ)

❶ 미공개 구간
❷ 동굴방패
❸ 유석
❹ 베이컨시트
❺ 용궁
❻ 은하천

❶ 사랑의 종
❷ 아기공룡 둘리
❸ 아기불상
❹ 법당
❺ 선녀의 밀실
❻ 청사초롱

6. 울진 성류굴

울진 성류굴의 다양한 동굴 생성물(Ⅱ)

① 여의동
② 용바위
③ 하마바위
④ 마귀할멈
⑤ 로마의 궁전

❶ 지옥동
❷ 3.1 기념탑
❸ 성모마리아상
❹ 오징어포

6. 울진 성류굴

화암관광단지 내에 위치한 금광산과 석회석 자연동굴이 함께 어우러져 있는 세계 유일의 화암동굴은 국내 최초의 테마형 동굴입니다. 금을 캐던 천포광산의 상부갱도 515m 구간에 금광맥 발견에서부터 금광석 채굴까지의 모든 과정을 생생하게 재연해 놓았습니다.

7. 정선 화암동굴 천연기념물 제557호

정선화암동굴

 화암동굴은 하부갱도와 상부갱도를 연결하는 수직 90m를 365개의 계단으로 연결하여 각종 석회석 생성물과 자라나는 종유석의 모습을 관찰할 수 있습니다. 하부갱도 676m는 '동화의 나라', '금의 세계'라는 테마로 금광석의 생산에서 금제품의 생산 및 쓰임까지 모든 과정을 전시하였습니다. 천연동굴은 2,800㎡의 대광장으로 광장 주위에 392m의 탐방로를 설치하여 유석폭포, 대석순, 곡석, 석화 등 진귀한 종유석 생성물을 관찰할 수 있습니다.

 동굴에서 제일 먼저 만나는 동양 최대 규모의 유석폭포는 높이 28m의 황금색 종유폭포로 웅장한 규모가 모든 이를 놀라게 합니다. 폭포 중앙에 있는 부처상의 정교함은 마치 조각작품을 보는 것 같습니다. 탐방로를 따라 조금 더 내려가면 6억 년 동안 생성된 대석순과 석주가 자리 잡고 있으며 이곳에서 바라보는 동굴 천장의 크고 작은 석화 및 곡석들의 아름다운 자태와 벽면에 있는 성모마리아상이 관광객의 눈길을 머물게 합니다.

 탐방로를 따라 조금 더 내려가면 장군석이 있고 장군석을 지나 동굴전시관에 도착하면 석화, 곡석 그리고 동굴 내 서식하는 생물들을 촬영한 사진들이 전시되어 있습니다.

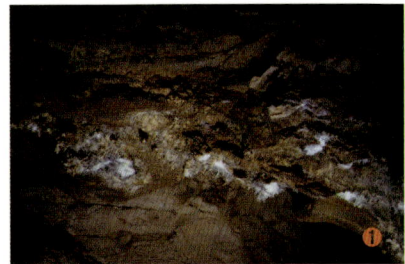

❶ 곡석
❷ 모암
❸ 석화와 곡석
❹ 용식공

곡석
동굴 생성물 중에 가장 아름답고 경이로운 생성물 중의 하나입니다. 동굴 생성물은 대부분 천장에서 떨어지는 물이나 벽면을 따라서 흐르는 물에 의하여 생성되기 때문에 자라는 모양들이 수직 방향입니다. 하지만 곡석은 벽면, 천정 바닥 등 모든 방향으로부터 주변 환경에 의하여 뒤틀린 모양으로 성장한 것을 말합니다.

모암(성충을 가지고 있는 석회암)
이 동굴을 배태하고 있는 모암인 석회암이 앞쪽에서 관찰됩니다. 이 모양을 자세히 살펴보면 선상으로 종유관이 성장하고 있는 것을 볼 수 있습니다.

석화와 곡석
벽면을 따라 수cm 정도로 꼬불꼬불하게 성장하고 있는 곡석과 백색의 석화, 종유석이 아름다운 화암동굴입니다. 석화와 종유석이 백색을 띠고 있는 것으로 화암동굴 생성물이 최근에 성장하였고, 지하수 성분이 매우 순수하다는 것을 알 수 있습니다.

용식공
이것은 과거에 지하수가 흐르면서 석회암을 녹인 흔적입니다. 구멍의 바로 위를 보면 작은 틈이 있으며, 이 틈을 절리라고 합니다. 이 절리면을 따라 공급된 지하수에 의해 석회암이 녹으면서 작은 동굴이 형성된 것입니다.

유석폭포

이 유석은 천장으로부터 약 10m 아래 지점에서 지하수의 유입이 많아져 동굴의 벽면과 바닥을 흐르게 됨에 따라 성장하는 동굴 생성물입니다. 지하수의 물이 벽면을 따라 흐르다가 절벽처럼 되는 지점에 이르러 아래로 떨어지면서 커튼형 종유석이 성장합니다.

유석의 중앙부에 보이는 석순은 천장으로부터 떨어지는 물에 의해 현재도 성장하고 있습니다.

대형석주

천장에서 성장하던 종유석과 바닥에서 성장하던 석순이 합쳐서 연결된 형태입니다.

일반적으로 석순은 1천 년에 약 1~6cm 정도 자라는 것으로 알려져 있으며 그 성장 속도는 매우 다양합니다.

잣송이(석순)

석순의 모양은 대부분 특이한 형태를 이루고 있어 자연의 복잡하고 심오한 현상들을 느낄 수 있습니다.

❶ 유석폭포
❷ 대형석주
❸ 잣송이
❹ 커튼

7. 정선 화암동굴

정선 화암동굴의 여러 가지 동굴 생성물

❶ 종유관
❷ 대형유석
❸ 부처상
❹ 석화

❶ 호랑이 머리
❷ 남근석
❸ 공룡
❹ 긴납작다리삼당노래기
❺ 장님굴새우
❻ 등줄굴노래기

7. 정선 화암동굴

강원도 삼척의 환선굴은 5억 3천만 년 전에 생성된 것으로 추정되는 석회암 동굴로 길이가 무려 6.2km에 이르는 동양 최대의 석회동굴입니다. 환선굴이 있는 삼척시 대이리는 환선굴 외에도 대금굴, 관음굴 등 수많은 동굴이 발견된 석회동굴 지대입니다. 이 중에서 규모가 가장 큰 환선굴은 개방구간 1.6km에, 입구(폭 14m, 높이 20~30m) / 내부(폭 20~100m, 높이 20~30m) 난간과 조명을 설치해 1996년부터 공개되었습니다.

8. 삼척 환선굴

천연기념물 제178호

동굴 안에는 동굴의 함몰로 만들어진 골짜기와 높이 10m가 넘는 3개의 폭포가 있습니다. 미녀상, 오련폭포, 옥좌대, 흑백유석, 동굴 산호벽, 유석계곡 등 볼거리가 매우 다양하여 우리나라 동굴 중 가장 많은 관광객이 찾는 곳으로 알려져 있습니다.

환선굴의 유래와 전설

먼 옛날 대이리 마을의 촛대바위 근처에 폭포와 소가 있어 아름다운 여인이 나타나 목욕을 하곤 하였는데 어느 날 마을 사람들이 쫓아가자 지금의 환선굴 부근에서 천둥·번개와 함께 커다란 바위 더미들이 쏟아져 나오고 여인은 자취를 감추었다고 합니다. 사람들은 이 여인을 선녀가 환생한 것이라고 하여 바위가 쏟아져 나온 곳을 환선굴이라 이름 짓고 제를 올려 마을의 평안을 기원하게 되었습니다. 여인이 사라진 후 촛대바위 근처의 폭포는 물이 마르고 환선굴에서는 물이 넘쳐 나와 아래쪽의 선녀폭포를 이루었다고 합니다.

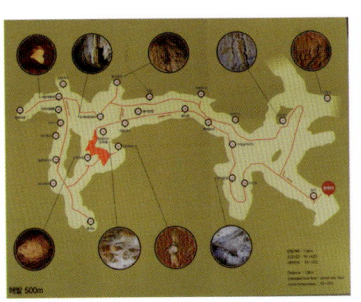

❶ 용식공
❷ 만리장성
❸ 용머리 전설
❹ 절리면
❺ 용식천장

용식공
천장으로부터 떨어져 내리는 암석은 동굴을 확장합니다. 천장에 종을 엎어놓은 모양의 많은 구멍들은 지하수가 천장으로 나오면서 암석을 녹인 형태입니다

만리장성
동굴수(동굴 속에 있는 지하수)의 상류로부터 퇴적물이 동굴 내로 오랜 시간 동안 계속 유입되어 두꺼운 퇴적층이 바닥에 쌓이게 됩니다. 그 후 지하수가 유입되어 빠르게 흐르면서 퇴적층의 양쪽에 수로가 만들어지고 계곡이 형성되어 현재와 같은 지형을 이루게 되었습니다. 퇴적층의 상부에는 퇴적물이 마르면서 나타나는 건열구조가 보이고 옆면에는 퇴적물을 통해 과거 하천이 흘러간 방향을 알 수 있는 여러 퇴적구조가 관찰됩니다. 퇴적물의 높이가 이 광장의 입구보다 높은 것은 아직도 풀기 어려운 수수께끼 중의 하나이며, 이러한 퇴적층은 다른 동굴에서는 보기 드문 경관으로 환선굴만의 자랑입니다.

용머리 전설
이곳에는 용머리 형상의 석순이 있었는데 용의 머리 부분을 절단하여 도망치던 사람이 벼락을 맞아 죽었다는 전설이 있어 머리 부분만 복원하였다고 합니다.

절리면
절리면은 환선굴을 포함한 석회암이 지각운동

에 의해 힘을 받게 되면 암석이 부서지면서 약한 틈이 생기는 것입니다.

동굴산호

혹같이 생긴 특이한 동굴 생성물로 동굴팝콘이라고도 합니다. 주로 방해석과 아라고나이트라는 광물로 이루어져 있으며, 물이 직접 공급되지 않고 스며나오는 벽면이나 다른 동굴 생성물의 위에서 자랍니다.

동굴 산호벽

용식공으로부터 흐르는 물에서 성장하였던 유석 위에 물의 공급이 줄어들면서 황토색의 동굴산호가 대규모로 성장하고 있습니다. 이처럼 1차 생성물에서 2차 다른 생성물로 변하는 것은 물의 공급량과 관계가 있습니다.

물의 공급이 끊긴 곳에서는 백색의 월유가 발견되는데 월유는 마른 상태에서는 가루 형태이지만 물이 공급되면 밀가루 반죽과 같은 형태를 보여줍니다.

악마의 발톱

계단형 유석의 평탄한 윗부분에는 휴석소가 있고, 휴석소 내에는 동굴 팝콘이 자라며, 유석의 하부에는 종유석과 석순이 합쳐져 석주가 형성되어 있습니다.

❶ 동굴산호
❷ 동굴 산호벽
❸ 악마의 발톱
❹ 다리
❺ 대머리형 석순

❶ 사자머리
❷ 꿈의궁전
❸ 도깨비 방망이
❹ 사랑의 맹세

사자머리
퇴적물 위에 유석이 형성된 후 바닥을 흐르던 지하수가 유석의 하부와 퇴적물을 깎아서 만든 독특한 지형입니다.

꿈의 궁전
벽면을 따라 대규모의 유석이 성장하고 있고, 상부의 유석은 계단을 이루며 앞 방향으로 자라다가 아래로 물이 떨어지면서 많은 커튼이 자라고 있습니다.
유석의 표면에는 동굴산호가, 유석의 밑에는 종유석이 있습니다.

도깨비방망이
천장으로부터 많은 물이 공급되면서 대형 종유석이 성장하고 있는데, 종유석 위로 물이 흐르는 부분은 깎여서 홈이 만들어졌고, 물이 흐르지 않은 부분에는 혹 모양의 동굴산호가 성장하고 있습니다.
종유석 중간에는 발코니형 동굴 생성물이 발달하였으며, 그 위에도 동굴산호가 자라고 있습니다.

사랑의 맹세
동굴이 확장되기 전에 형성된 것으로 보이는 용식 지형이 천장 가까이에 하트모양으로 발달해 있습니다.

오백나한(종유석과 석순)

테라스 위로 지하수가 흘러내리면서 유석이 자라고 천장에서 물이 떨어지는 지점에는 석순이 자라고 있습니다.

휴석소

깊은 동굴 속에서 흘러내려오는 물에 의해 바닥에 논두렁 모양의 휴석이 자라고 있습니다. 휴석은 물이 흐르는 속도에 따라 크기가 많이 달라집니다.

옥좌대(기형휴석)

동굴 천장으로부터 많은 물이 떨어지면서 특이한 형태의 휴석이 형성되어 있습니다. 물이 떨어지는 지점에는 작은 규모의 휴석들이 다각형 모양으로 발달하고 있으며, 물이 옆으로 흘러내리면서 계단식 논 모양의 휴석이 자라고 있습니다.

휴석 내에는 동굴팝콘이 성장하고 있는데 이 생성물은 세계적으로 희귀한 형태를 보여주고 있습니다.

유석계곡

천장으로부터 지하수가 유입되면서 벽면 전체에 유석이 성장하고 있습니다. 부분적으로 유석 위에는 동굴산호(팝콘)가 자라고 있고, 천장에는 반원통형의 희귀한 유석도 발견됩니다.

❶ 오백나한
❷ 휴석소
❸ 옥좌대(기형 휴석)
❹ 유석계곡

8. 삼척 환선굴

삼척 환선굴의 여러 가지 동굴 생성물(Ⅰ)

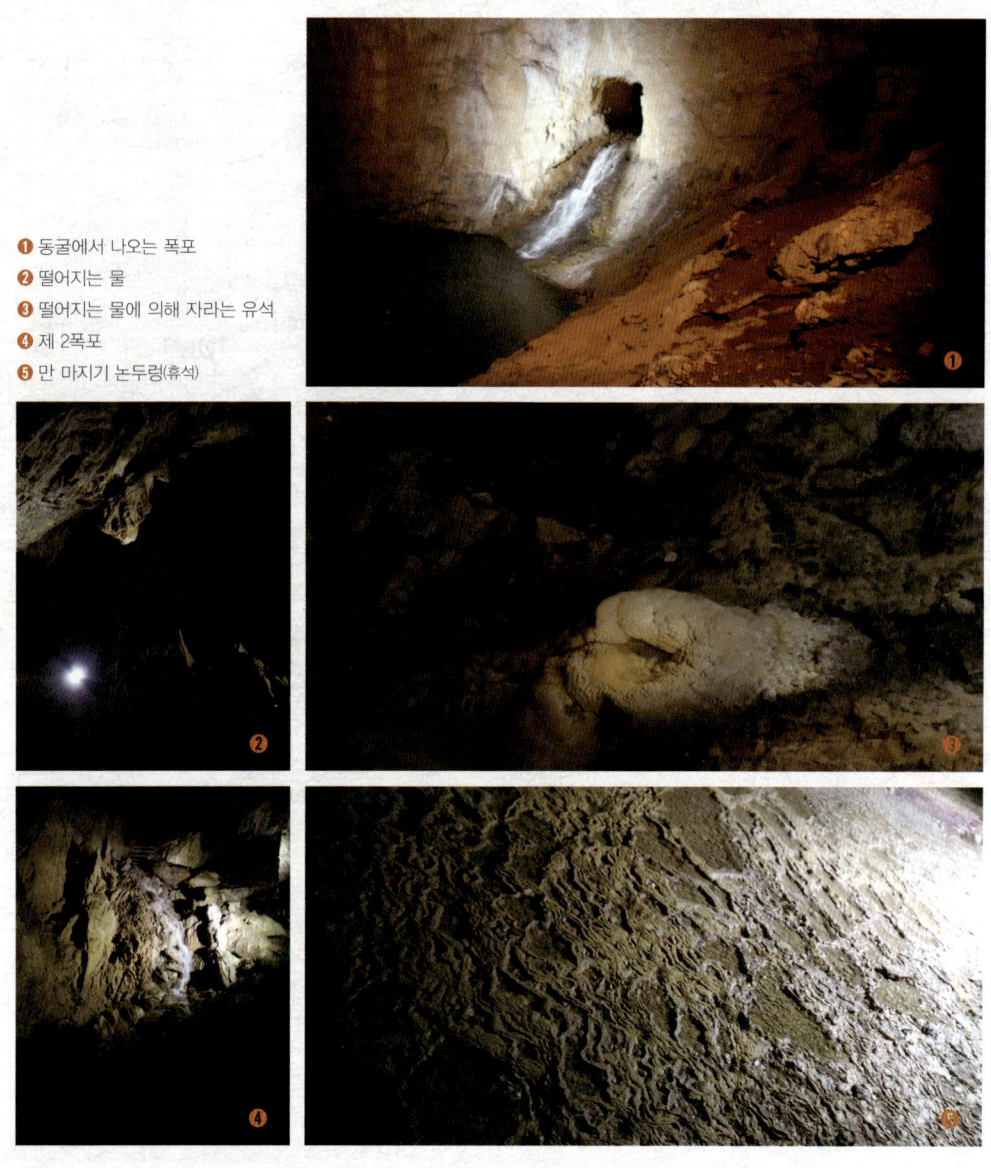

❶ 동굴에서 나오는 폭포
❷ 떨어지는 물
❸ 떨어지는 물에 의해 자라는 유석
❹ 제 2폭포
❺ 만 마지기 논두렁(휴석)

❶ 만물상
❷ 백거북
❸ 매달린양
❹ 성모마리아상
❺ 미녀상

삼척 환선굴의 여러 가지 동굴 생성물(Ⅱ)

❶ 흑백 유석
❷ 백색 유석
❸ 유석
❹ 대형 유석벽

❶ 소망폭포
❷ 생명의 샘
❸ 지옥소
❹ 블랙홀

9. 삼척 대금굴

천연기념물 178호

환선굴과 같은 시기에 형성된 석회암 동굴로서 총연장 1.6km이며 개방하고 있는 구간은 0.8km입니다. 이곳은 항상 물이 솟아나고 있어 물골이라 불리고 있던 지역을 탐색하여, 2003년 2월에 동굴을 발견하고 대금굴이라고 하였습니다.

동굴 내부에 흐르는 물의 수량이 풍부하여 대규모 폭포와 종유석, 석순, 석주 등 동굴 생성물들이 잘 발달되어 있으며, 현재까지도 성장하고 있습니다.

❶ 대금굴의 가을
❷ 종유석과 커튼
❸ 막대형 석순
❹ 안내도

은하역
대금굴을 관람하기 위해 출발하면서 타고 온 모노레일 하차지점으로 이곳에서부터 동굴 내부관람을 시작하는 곳입니다.

비룡폭포
대금굴 내에 형성된 폭포로 8m의 높이를 자랑하고 있으며, 동굴 내부에 형성되어 있고 겨울철에도 얼지 않은 폭포입니다.

❶ 은하역
❷ 동굴내부 진입로
❸ 비룡폭포
❹ 비룡폭포와 유석

막대형 석순

만물상 광장 중앙에 있는 국내 최대 크기를 자랑하는 막대형 석순으로 지름은 5cm이고 높이가 3.5m입니다.

생명의 문

벽면을 타고 흐르는 물에 의해 만들어진 두 종류의 유석이 자리한 곳으로 음과 양의 조화가 잘 이루어져 신비한 생명이 탄생하는 곳을 상징합니다.

❶ 막대형 석순
❷ 생명의 문
❸ 길이가 다른 석순
❹ 유석과 막대형 석순

동굴방패
천정의 틈새에서 흘러나와 동굴방패로 성장하고 있습니다.

커튼
커튼광장에 위치하며, 암석이 갈라진 틈새를 따라 흘러내리면서 띠 모양으로 넓게 형성되는 종유석입니다.

천지연
대금굴의 마지막 장소인 천지연은 백두산 천지를 닮은 형태로 이름이 지어졌으며 수중을 통하여 다시 동굴로 이어진다고 합니다.

❶ 동굴방패
❷ 커튼
❸ 종유관과 커튼
❹ 천지연
❺ 천지연

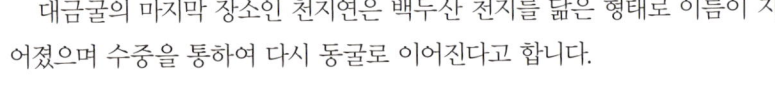

삼척 대금굴의 여러 가지 동굴 생성물(Ⅰ)

❶ 종유석
❷ 종유석과 석순
❸ 천지연의 종유석
❹ 석순
❺ 종유관에서 떨어지는 물

9. 삼척 대금굴

삼척 대금굴의 여러 가지 동굴 생성물(Ⅱ)

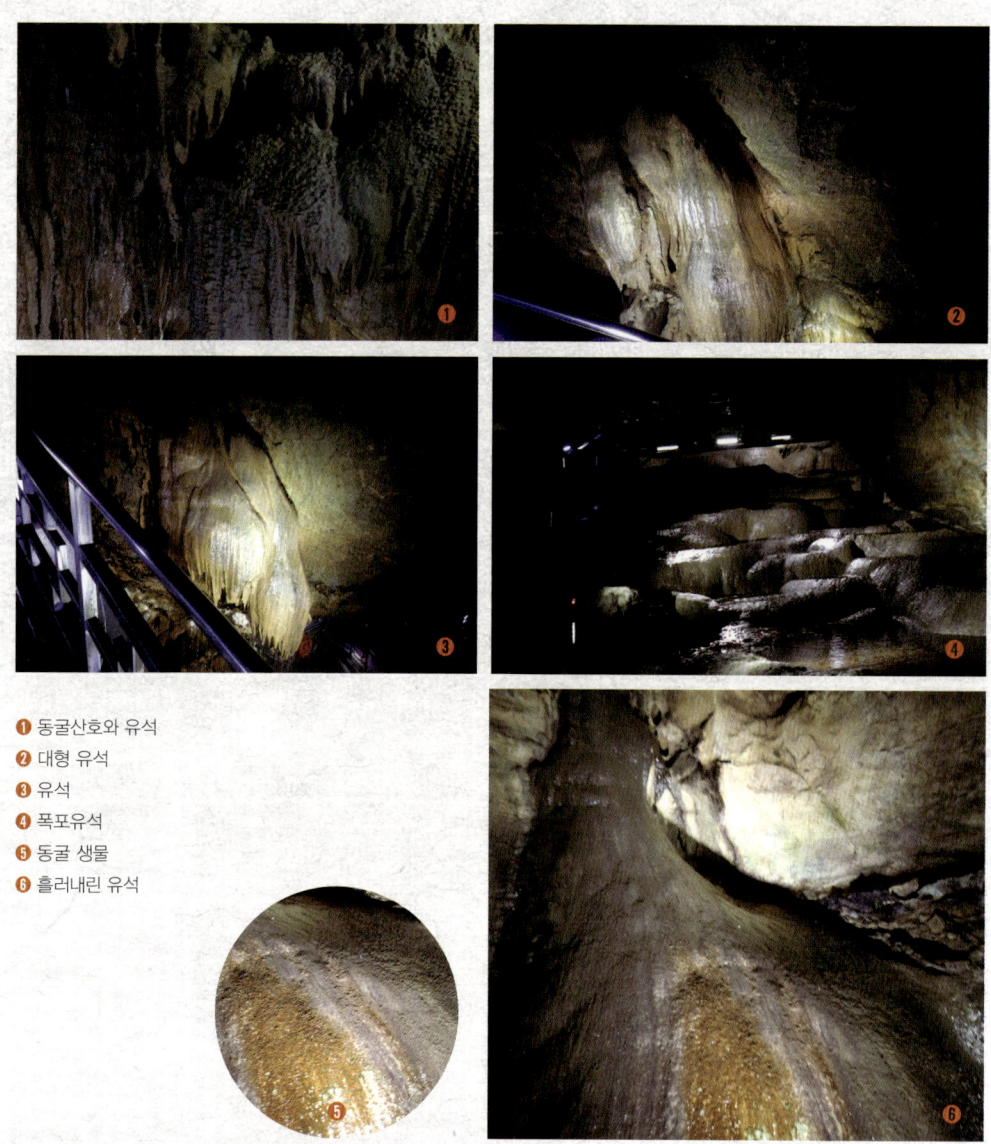

① 동굴산호와 유석
② 대형 유석
③ 유석
④ 폭포유석
⑤ 동굴 생물
⑥ 흘러내린 유석

❶ 200년의 기다림
❷ 휴석소의 종유석과 유석
❸ 만물상
❹ 베이컨시트
❺ 석순

9. 삼척 대금굴

10. 동해 천곡황금박쥐동굴

동해천곡
황금박쥐동굴

동굴 생성물(야외전시장)

천곡황금박쥐동굴은 국내 유일의 도심 속 한가운데 있는 천연동굴로써, 4~5억 년 전 태고의 신비와 갖가지 희귀석들이 분포하고 있는 석회석 동굴입니다. 동굴의 총 길이는 1,510m(관람구간 810m) 학술적 가치가 풍부하고 지구과학의 산 교육장으로 자리 잡고 있습니다.

국내 최장의 천정 용식구, 커튼형 종류석, 종류폭포 등과 희귀석들이 수두룩하며 태고의 신비함을 간직한 석순, 석주 등 동굴 생성물들이 여느 동굴 못지않게 자라고 있습니다.

또한 천곡황금박쥐동굴 주변 돌리네 지역(석회암 지대에서 주성분인 탄산칼슘이 물에 녹으면서 깔때기 모양으로 패인 웅덩이)에 탐방로를 개설하여 자연체험공원으로 상시 제공하고 있습니다.

※ 돌리네(Doline): 석회암 지대에서 지표면이 원형 또는 타원형으로 움푹 파인 지형으로 지하에 동굴이 형성되어 지표를 흐르던 물이 지하 동굴로 빠져나가면서 마치 커다란 웅덩이와 같이 형성된 지형, 돌리네 한가운데는 주로 물이 잘 빠지는 구멍이 있다.

진입계단

펜던트

펜던트란 그 동굴을 형성하는 모암의 일부가 천장이나 벽면에서 뻗어 있는 것을 말합니다. 동굴 내부가 포화상태의 물로 차 있을 때나 점토가 침식되거나 또는 용식관의 아니스토모시스가 발달함에 따라 모암의 일부가 남아서 늘어지거나 걸려있는 상태입니다.

박쥐(종유석)

박쥐가 매달려 있는 형상을 하고 있어 박쥐종유석이라고 합니다.

개로 추정되는 천곡동굴의 동물

동굴 심연

동굴 외부지표면의 돌리네 지형과 연결된 동굴의 생명 창조를 보여주는 거대한 동공을 이루고 있습니다.

샹들리에 종유석

지하수가 나올 때 석회석을 용해시키면서 종유관을 성장시키고 지하수는 계속 흘러내려 일종의 샹들리에 등과 같은 종유석을 성장시켜요.

❶ 펜던트
❷ 박쥐 (종유석)
❸ 개
❹ 동굴심연
❺ 샹들리에 종유석

종실
천정에 오목하게 패인 구멍을 벨홀 혹은 포켓 하느 종이라고 하며 단일 포켓과 복합 포켓으로 구분합니다.

천정 용식구
동공에 물이 차면서 점토가 퇴적되어 천정 면에 도랑을 형성하여 생성된 것으로 국내 동굴 중에서 가장 큰 것입니다.

블랙홀
동굴 생성을 보여주는 지형인 돌리네와 연결된 깊은 심연으로 마치 우주의 블랙홀을 연상하게 합니다.

청수협곡
동굴 외부지표면과 동굴 그리고 동굴 지하로 구분된 지역으로 동굴 지하의 심연으로 아직도 맑은 유수가 흘러 다시 지표로 흐르고 있는 청수협곡을 이루고 있습니다.

신비의 관상 종유석
종유관 성장 속도는 1년에 0.2mm 정도인데 종유관 전체가 하나의 방해석의 경정으로 생성됩니다. 종유관의 벽 두께는 약 0.1~0.5mm 정도입니다.

❶ 종실
❷ 천정 용식구
❸ 블랙홀
❹ 청수협곡
❺ 신비의 관상 종유석

10. 동해 천곡황금박쥐동굴

침식붕(닛찌, 노찌)
지하수에 의하여 옆으로 깊게 패여 들어간 순환 수류대에서의 소형 침식 선반을 닛찌라고 하고, 대형 침식선반을 노찌라고 합니다.

오백나한
크고 작은 석순들이 마치 하늘을 향해 염원하는 불상의 형상을 하고 있습니다.

샘실신당
우주를 떠받치는 기둥인 석주 멀리 보이는 좌불상, 깊은 심연에 앉아 세상만사 떨치고 마주한 신선의 마음을 갖게 하는 곳입니다.

❶ 닛치, 노찌
❷ 오백나한
❸ 샘실신당
❹ 샘실신당의 석주

❶ 용
❷ 용굴
❸ 종유폭포
❹ 종유석실
❺ 규화목

용굴
천정 용식구로 국내에서 보기 어려운 대형 규모입니다. 용이 승천할 때의 모양을 하고 있어 용굴이라 합니다.

종유 폭포
플로 스톤이 동굴 벽면의 모암을 따라 흘러버린 종유벽으로 폭포를 이루고 있습니다.

종유 석실
동굴 생성의 초기 단계를 보여주는 관상 종유석과 성장한 종유석 그리고 종유석과 석순이 만나 생성된 석주를 보여주는 종유석실입니다.

규화목
나무의 형태 및 구조 등이 오랜 세월 속에 그대로 굳어져서 화석화 된 나무화석을 말합니다.

동해 천곡황금박쥐동굴의 여러 가지 동굴 생성물(I)

❶ 거대 종유석
❷ 방패 종유석
❸ 물방울이 맺힌 종유석
❹ 종유관
❺ 종유관과 종유석
❻ 촛불 종유석

❶ 종유막을 내린 종유석
❷ 종유막을 내린 종유석과 석순
❸ 종유관
❹ 종유석과 베이컨시트
❺ 거대 베이컨시트
❻ 곡석
❼ 휴석소

10. 동해 천곡황금박쥐동굴 95

동해 천곡황금박쥐동굴의 여러 가지 동굴 생성물(Ⅱ)

❶ 남아의 기상 ❹ 석순
❷ 말머리상 ❺ 비밀의 문
❸ 피아노상 ❻ 사천왕상

❶ 석돌이와 석순이　❸ 지장보살탑
❷ 베이컨시트　❹ 동굴 보존지역

10. 동해 천곡황금박쥐동굴

11. 평창 백룡동굴   천연기념물 제 260호

백운산에 위치한 백룡동굴은 오래전부터 주민들에게는 잘 알려져 있는 동굴로 1976년 지역주민인 정무룡씨에 의해 좁은 통로(일명: 개구멍)가 확장됨으로써 전 구간에 대한 실제적인 조사·연구가 이루어지게 되었다고 합니다. 백룡동굴의 명칭은 동굴이 위치한 백운산의 '백'자와 정무룡의 '룡'자를 따서 백룡동굴로 명명되었습니다.

평창 백룡동굴은 석회동굴로 수면 위 약 10~15m 지점에 입구가 있고, 동굴 주변은 기암절벽으로 이루어져 있어서 배를 타야만 접근이 가능합니다.

백룡동굴은 입구 부근에는 아궁이와 온돌 흔적이 남아있고, 그 주위에 토기들이 발견되었습니다. 이것으로 미루어 보아 오래전에는 우리 조상들의 거처로 이용되었을 것으로 추정되고 있습니다.

백룡동굴의 전체 규모는 약 1,875m로 주굴(A굴) 약 785m, 지굴(B굴: 약 185m, C굴: 약 605m, D굴 약 300m)입니다. 동굴 내부에는 다른 석회동굴처럼 종유관, 종유석, 석순, 석주, 휴석(소), 동굴진주 등 다양한 동굴 생성물들이 잘 발달 하여 있습니다. 또한 박쥐, 나방, 거미, 곱등이를 비롯하여 총 61종의 동굴 생물들이 서식하고 있습니다.

※ 다른 동굴과 다른 점은 국내 최초의 체험형 동굴인 만큼 안전모, 장화, 등의 복장을 갖추고 헤드렌턴도 착용해야 하며 입장 가능한 인원과 시간제한이 있으므로 사전예약과 확인은 필수사항입니다.

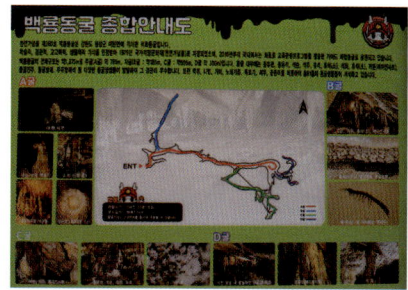

❶ 백룡호   ❹ 구들장   ❼ 피아노(종유석)
❷ 동굴 입구 ❺ 동굴방패 ❽ 샷갓석순(기형석순)
❸ 동굴 내부 ❻ 신의손(유석)

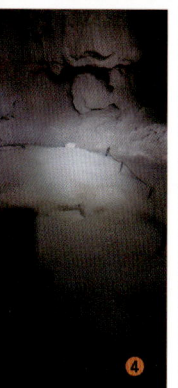

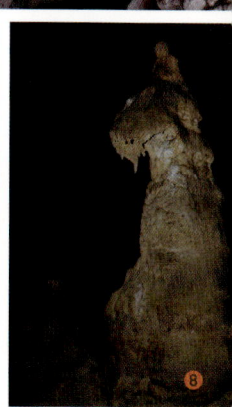

12. 월악산 보덕굴(역 고드름)

충청북도 제천시 덕산면 수산1리 월악산에 작은 사찰 보덕암(寶德庵)에 '보덕굴'이란 별칭이 붙은 석회암 자연동굴이 있습니다. 그리 크지 않은 동굴의 내부에는 불상이 모셔져 있습니다.

보덕암에서 우측으로 돌아가서 계단을 따라 내려가면 바위산 아래에 있는 보덕굴 안에는 역고드름 수십여 개가 땅바닥에서 위로 솟았나 있습니다.

동굴 천장에서 물이 떨어지면서 고드름이 생기고 땅속에서 얼음이 솟아오르는 형태인데 성모 마리아상을 닮은 역고드름이 특히 눈길을 사로잡습니다. 역고드름의 지름은 5cm~7cm 안팎으로 길이는 대략 50~70cm 정도입니다.

보덕굴은 1970년대 북한 무장간첩 침투로 막혔다가 1986년 보덕암 대웅전 신축과 함께 개방했습니다.

이러한 현상에 대하여 서강대 화학과 이덕환 교수는 한국기상학회 연구논문 '거꾸로 솟는 고드름의 정체'에서 "지표면 바로 밑에서 생기기 시작한 얼음은 땅속 더 깊은 곳에 있는 수분을 끌어올려서 점점 더 커지고, 그렇게 만들어진 얼음 부피는 더 늘어나서 위로 솟아오른다"고 설명하고 있습니다.

❶ 성모마리아상
❷ 역고드름
❸ 천장
❹ 여러 형태의 역고드름
❺ 보덕굴

12. 월악산 보덕굴(역 고드름)

13. 익산 천호동굴 천연기념물 제177호

전북 익산시 예산면 대성리 산21번지

천호동굴 입구

종유석

천호동굴은 천호산 기슭에 있으며 총길이는 680m이고 석회암으로 되어 있습니다. 이 동굴은 호남지방 유일의 석회암 동굴로써, 약 2억5000만~4억 년 전에 형성된 것으로 추정됩니다.

동굴 안에는 고드름처럼 생긴 종유석과 땅에서 돌출되어 올라온 석순, 종유석과 석순이 만나 기둥을 이룬 석주 등 동굴 생성물이 발달하고 있으며, 특히 "수정궁"이라 불리는 높이 약 30m, 너비 약 15m의 큰 구덩이의 중앙 정면에는 높이 20m가 넘는 커다란 석순이 솟아 있는데, 그 지름이 5m에 이릅니다. 동굴바닥 한구석에는 맑은 물이 흐르고 있는데 비가 오면 물이 불어나 폭포를 이루기도 하며, 박쥐를 비롯한 곱둥이, 딱정벌레, 톡토기 등 많은 동굴생물이 서식하고 있습니다.

사진: 문화재청

14. 삼척 관음굴 천연기념물 178호

강원도 삼척시 대이리

미개방 동굴로 국내에서 현재까지 발견된 우리나라에서 가장 아름다운 석회동굴이라 불리는 동굴입니다. 지질학적으로 비교적 최근에 생성되어 아직도 성장 중인 동굴입니다.

동굴 입구의 크기는 폭 4.2m, 높이 3m로 주 굴의 길이가 1.2km, 지굴의 길이가 0.4km이며 동굴의 총연장은 1.6km 정도이고, 입구에서 막장까지 바닥에 지하수가 흐르고 있으며, 여러 지점에서 폭포가 발달해 있으며, 현재에도 동굴 생성물이 활발히 성장하고 있는 활굴에 속하며, 주 동굴의 방향은 절리 면을 따라 발달해 있습니다. 주굴은 천장의 높이가 약 20m에 달하는 곳도 있으며 일

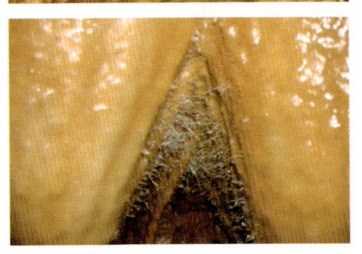

년 내내 바닥에는 동굴류가 흘러내리는데, 동굴류의 유출량은 약 15,000㎥/1일에 달하는 것으로 알려져 있습니다. 동굴 내 4개의 폭포가 있으며, 제4 폭포(일명 옥문폭포)는 높이가 9m에 달하고 4 폭포 하부에는 장축이 40m, 단축이 18m, 높이가 22m인 광장이 있고, 동굴 내 동굴 생성물은 백색의 종유관을 비롯하여 종유석, 석순, 석주, 유석, 동굴방패, 동굴산호, 동굴 진주, 곡석, 석화, 베이컨시트 등 석회동굴에서 나타나는 거의 모든 종류의 동굴 생성물이 발견되고, 이 외에도 석회화 단구, 가 바닥 등 다양한 동굴 내의 미지형도 발달해 있으며, 관음굴은 총 14목 24종의 동굴생물이 보고되었습니다.

사진: 문화재청

15. 삼척 초당굴 천연기념물 제226호

강원 삼척시 근덕면 금계리 산380번지

삼척 초당굴은 대형 동굴로, 총길이가 약 4km로 추정되며, 국내에서 유일하게 대규모 수중 동굴과 연결되어 있는 자연동굴입니다.

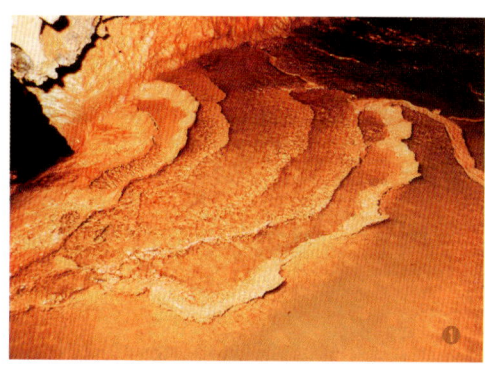

동굴의 입구는 해발고도 150m의 백두대간 자락에 있으며, 초당굴은 백색과 회백색, 연홍색의 석회암으로 되어 있고 수직굴과 경사로, 수평굴의 3단계 구조로 이루어져 있고, 동굴 내부엔 종유석과 석순, 석주, 휴석, 동굴산호 등 다양한 동굴 2차 생성물이 있습니다.

동굴 속에는 크고 작은 연못이 연속적으로 전개되어 지하수가 계속 흘러 밑바닥 아래층의 굴로 흐르고 있는데, 이곳에는 세계적으로 매우 희귀한 물김이 자생하고 있습니다.

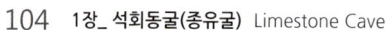

❶ 삼척초당굴
❷ 석화화단구
❸ 벽걸이 종유석

사진: 문화재청

16. 단양 노동동굴 천연기념물 제262호

충북 단양군 단양읍 노동리 산1번지 외 23필

노동동굴은 남한강 줄기가 충주호 북쪽으로 흘러 들어가는 노동천 부근에 있으며 동굴의 총 길이는 약 1,500m이며, 주굴(主窟) 800m, 지굴(支窟)이 700m입니다.

악마의 상

휴석과 종유석

금강산

형성구조는 석회암 동굴로 입구는 협소하나 내부는 급경사를 이루면서 남북으로 발달하였고, 동굴 내부에는 부분적으로 낙반석이 있으나 제2차 생성물체인 종유석·석순. 종유폭포 등이 다양하게 잘 발달하였고 원형 보존 상태가 양호하며, 종유관 및 막상(幕狀) 종유석 석회화 유폭(石灰化流瀑) 등의 발달상과 수려함은 다른 동굴에서는 찾아보기 힘들정도입니다.

동굴 내부에 동물 골격의 화석이 종유로 응고되어 있으며, 연대 미상의 자기·토기류 등의 파편을 볼 수 있는데 임진왜란(1592) 당시 주민들이 이곳으로 피난했던 흔적이라고 합니다.

2008년 1월 관람객과 외부 공기의 유입 등으로 훼손되어 폐쇄하였습니다.

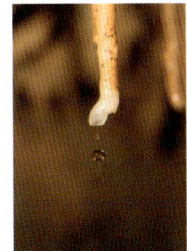
종유관

종유석과 석순

사진: 문화재청

17. 정선 산호동굴 천연기념물 제509호

강원 정선군 여량면 여량리 산1번지 외

산호 동굴은 강원도 정선의 반론산과 반륜산이 연결되는 능선 상부(8부 능선)에 있으며, 총 길이가 약 1,700m에 이르는 대형동굴로 동굴 생성물 중 하나인 동굴산호가 동굴 내부에 두루 성장하고 있으며, 다른 동굴에서는 관찰할 수 없는 대형 동굴산호가 잘 발달해 있고, 동굴 내부에는 동굴 생성물인 동굴석화 외에 종유석, 석순, 휴석, 유석, 곡석 등 다양한 동굴 생성물이 성장해 있으며, 참굴톡토기와 굴접시거미를 비롯한 약 35종의 생물이 서식하고 있습니다.

유석

사진: 문화재청

18. 평창 섭동굴 천연기념물 제510호

강원 평창군 평창읍 주진리 산120번지 외

광산개발 중 발견된 섭동굴은 지하수의 발달단계에 따라 3층 구조를 이루고 있으며, 각 층별 동굴의 발달 형태와 이에 따른 동굴 생성물이 성장하는 과정을 단계별로 관찰할 수 있는 매우 학술적 가치가 높은 동굴입니다.

동굴의 최상층은 동굴의 발달 단계상 마지막 단계로 동굴수의 유입이 매우 적어 상대적으로 건조하여 석화와 곡석이 우세하게 자라고 있고, 중층은 우기에 간헐적으로 동굴수가 유입되는 지역으로 종유석, 석순, 석주 등이 분포하고 있으며, 최하층은 지하수가 흐르는 수로가 발달한 층으로 지하수의 유입 정도에 따라 종유석, 석순, 석주, 유석커튼과 석화, 곡석, 동굴진주, 휴석 등 다양한 동굴 생성물이 성장하고 있습니다.

종유관과 종유석

사진: 문화재청

19. 정선 용소동굴 천연기념물 제549호

강원도 정선군 용소길370(화암면)

강원도 정선군 화암면 백전리 해발 약 720m의 산지에 형성되어 있는 석회동굴이자 수중동굴이며, 동굴 주변의 골짜기에는 하천이 발달되어 있는데 하천 중 일부는 건천(乾川)이며, 일부 지점에서는 용출수가 분출됩니다.

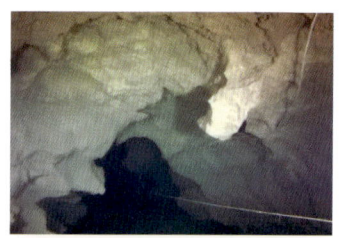

국내의 수중동굴 중 가장 규모가 큰 동굴로, 총길이 약 250m(수중 구간 약 220m, 육상 구간 약 30m), 수심 약 50m에 이르며, 동굴 내부에는 장축(長軸) 약 3m 크기의 타원형 호수가 있고, 호수 아래로는 수평·수직·경사로 등 여러 방향으로 이어진 수중동굴이 발달해 있습니다.

생물이 서식하기에 열악한 환경이지만 버들치류로 추정되는 어류와 꼬리치레도롱뇽으로 보이는 도롱뇽 등의 수중생물이 확인되었고, 수중동굴의 특성상 동굴 통로 바닥에 쌓인 자갈과 낙석 등의 퇴적물 외에 종유석, 석순, 석주 등의 동굴 생성물은 발견되지 않았습니다.

정선군 화암면 백전리 백전초등학교 용소분교에서 하천을 따라 상류로 올라가다가 백전리 물레방아를 지나서 만나는 삼거리에서 우측으로 교량을 건너 100m 정도 이동하면 농로 우측편 25m 지점에 동굴 입구에 위치합니다.

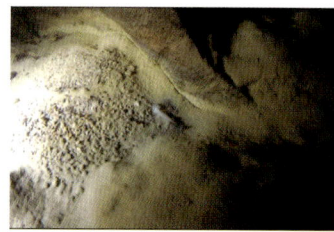
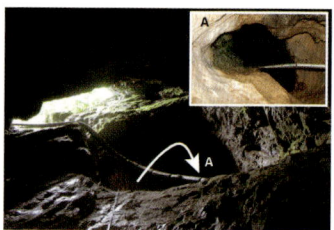

사진: 문화재청

20. 영월 용담굴 강원도 기념물 제23호

강원 영월군 김삿갓면 진별리 산204번지

영월용담굴은 석회암으로 이루어진 수직동굴로 깊이 80~90m, 총 길이 350m에 이르는 확대형 수직동굴이며, 동굴 안의 온도는 항상 15~18℃를 유지하고 있습니다.

 동굴은 4개의 넓은 공간으로 나뉘어 있으며, 그 중 두 곳은 둘레가 100m에 달하여 분화구와 같은 느낌을 주며, 주위에는 종유석과 석순, 석주 등이 병풍처럼 둘러져 있습니다. 다른 한 곳에는 주위에 1.5m 내외의 석순들이 선녀들처럼 즐비하게 서있다고 하여 선녀탕이라고 이름 붙여진 깊이 50cm, 넓이 15평의 물웅덩이가 있으며, 웅덩이의 바닥에는 동굴진주가 깔려있고, 동굴 안에는 소라, 게새우 등 20여 종의 생물이 살고 있습니다.

사진: 문화재청

21. 영월 연하동굴 강원도 기념물 제31호

강원도 영월군 영월읍 연하리 산 267

영월 연하동굴(일명 수정동굴)은 석회암으로 이루어진 비교적 작은 동굴입니다.

총 길이는 약 300m로 동굴 입구에서 수평으로 이어지다가 낭떠러지처럼 떨어지는 수직굴로 이루어져 있고, 동굴 안에는 종유석, 석순·석주, 등이 순백색의 화려한 경관을 이루고 있으며, 천장에 형성된 수정같이 맑고 아름다우며 기다란 종유관은 우리나라의 다른 석회동굴에서는 볼 수 없는 장관을 이루고 있습니다.

특히 스파이크형 종유석이 천장에 밀집 분포하고 있어 국내에서 발견된 종유석 군집 중에서 가장 화려합니다.

사진: 문화재청

22. 영월 대야동굴 강원도 기념물 제32호

강원 영월군 김삿갓면 진별리 산71번지

영월 대야동굴은 용담굴의 남동쪽에 위치해 있으며 총 길이는 약 450m로, 두 갈래로 갈라진 나뭇가지 모양을 하고 있고, 동굴 내부에는 지하수가 흐르고, 지하수가 흐르는 곳에는 물방울 모양의 형성물들이 큰 덩어리로 늘어져 있습니다.

입구에서 약간 떨어진 곳에 있는 다른 좁은 통로에서는 항상 물이 흘러나오며 이곳에는 비교적 화려한 종유석·석순·석주 등이 있으며, 바닥에는 많은 양의 박쥐 똥(guano) 퇴적층이 있으며 여러 종류의 동굴생물이 발견됩니다.

사진: 문화재청

23. 영월 명마굴

강원도 영월군 수주면 무릉리 명마동마을

강원도 영월군 수주면 무릉리 명마동(鳴馬洞)마을의 냇가에 있는 동굴로써, 동굴 입구가 좁아 약 10m 정도는 기어들어가야 하는데 동굴 안쪽에는 약 490㎡의 넓은 공간이 펼쳐지고, 동굴은 크게 네 갈래로 갈라지며, 진귀한 종유석들이 많이 있습니다.

옛날에 이 굴속에서 주인을 기다리던 용마(龍馬)가 주인이 죽자 슬피 울었는데 임진왜란 때 명나라 장수 이여송(李如松)이 이곳의 혈을 막자 울음소리가 그쳤다는 이야기가 전해집니다.

24. 영월 능암덕산굴

강원 영월군 영월읍 문산리

강원도 영월군에 있는 능암덕산(해발 571m)에 위치한 석회암 수직동굴로, 1978년 9월 1일 건국대 동굴탐사회에 의해 발견되었습니다.

동굴의 발달 방향은 남북 방향이며, 입구의 크기는 폭 1m, 높이 0.5m로 총연장은 약 240m이고, 동굴 입구에서 경사면을 따라 내려가면 종유석, 종유관, 석주, 동굴산호 등이 성장하는 동방이 존재합니다. 동굴의 형태는 경사형 수직동굴로 계단 형태를 하고 있으며, 동굴 내에는 종유관, 종유석, 석순, 석주, 곡석, 동굴산호, 석화, 휴석, 유석 등 다양한 동굴 생성물이 성장합니다.

25. 영월 괴동굴

강원도 영월군 한반도면 옹정리 산104-1번지

강원도 영월군 한반도면 옹정리 괴골(괴동마을)에 있는 동굴로, 총 길이 약 260m이며, 강수면과 동일한 높이에 형성된 석회동굴로, 배를 이용해 강을 건너야만 들어갈 수 있고 동굴 내부도 몹시 험하고 위험해서 일반인들은 들어갈 수 없는 비공개 동굴입니다.

북동에서 남동쪽으로 동굴이 발달되어 있으며, 좌측과 우측의 두 갈래로 이루어져 있습니다. 좌측 통로에는 경사면을 따라 종유석과 석주 등이 자라고, 우측 통로에는 천장 부분의 절리면(節理面)을 따라 종유석과 석순이 소규모로 자라고 있으며, 작은 호수도 형성되어 있습니다.

26. 강릉 동대굴 강원도 기념물 제35호

강원 강릉시 옥계면 산계리 산252번지

강릉 동대굴은 석회암으로 이루어진 동굴로, 총 길이는 260m에 달하며 동굴은 세로로 땅속 깊이 뻗어 있고, 주변의 서대굴과 함께 쌍벽을 이루고 있습니다. 동굴 안에는 4개의 넓은 공간과 폭포가 있으며, 동굴 벽은 순백색의 관상 종유석과 기형곡석, 송이버섯 모양의 어린 석순 등의 동굴 생성물이 있습니다. 입구가 협소하여 사람의 출입이 별로 없어 원형이 잘 보존되어 있습니다.

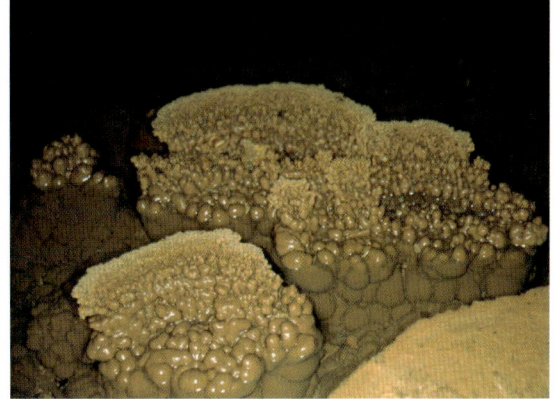

사진: 문화재청

27. 강릉 서대굴 강원도 기념물 제36호

강원 강릉시 옥계면 산계리 산428번지

강릉 서대굴은 석회암으로 이루어진 동굴로, 주굴의 길이 800m, 전체길이 약 1.5km입니다.

약 250m까지는 탐사되었으나 그 이상은 확인되지 않은 상태이며, 동굴은 세로로 땅속 깊이 뻗어있으며 주변의 동대굴과 함께 쌍벽을 이루고 있습니다. 동굴 안에는 작은 공간들이 발달해 있으며 옆면에는 종유석과 석순, 석주, 석화(石花) 등의 동굴 생성물이 잘 발달되어 있습니다.

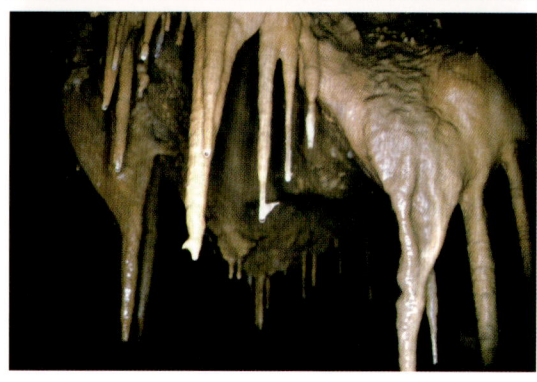

사진: 문화재청

28. 강릉 옥계굴 강원도 기념물 제37호

강원 강릉시 옥계면 산계리 산428번지

강릉 옥계굴(일명 석화굴)은 석병산 중턱에 위치해 있는 석회동굴로서 주굴의 길이는 약 600m이고, 총 길이는 4km에 달합니다. 동굴로부터 약 300m 아래에 신라시대에 세워진 산계사가 있었다고 전해지는데 지금은 산계사탑만 남아있습니다.

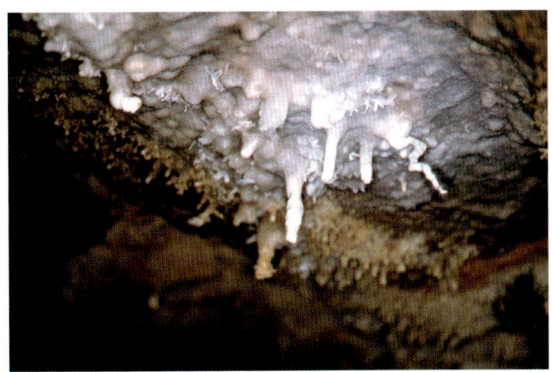 

동굴 입구 가까이에는 넓이 15m, 높이 4m의 넓은 광장이 있으며, 동굴 안에는 고드름처럼 생긴 종유석과 동굴 바닥에서 돌출되어 올라온 석순, 그리고 종유석과 석순이 만나 기둥을 이룬 석주 및 진주와 산호의 형태를 띤 많은 생성물들이 있고, 특히 꽃 모습을 한 석화가 많이 발달되어 있습니다. 또한 신비의 약수터에는 조선시대의 것으로 생각되는 깨진 자기(磁器)가 석순으로 응고되어 있습니다.

사진: 문화재청

29. 강릉 비선굴 강원도 기념물 제38호

강원 강릉시 옥계면 산계리 산434번지

광산의 길을 만들다가 발견된 비선굴은 석회암으로 이루어진 동굴로 길이 약 200m이며, 남서방향의 동굴에는 약 20m 전방에 높이 3m 정도의 폭포가 있어 다량의 지하수가 쏟아져 내립니다.

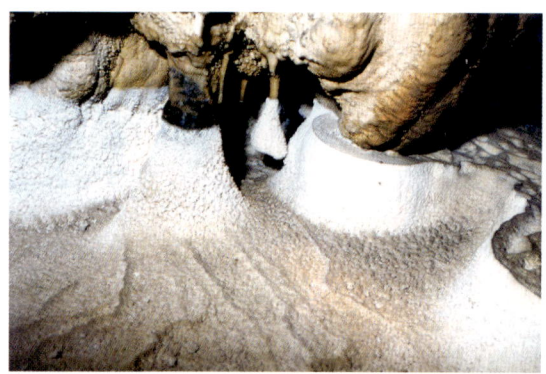

동굴은 땅속으로 계단처럼 뻗어 내려가다가 서남쪽과 서북쪽으로 갈라져 있으며, 서남쪽의 굴은 지하수가 흐르며 높이 3m의 작은 폭포가 있습니다. 서북쪽의 굴에는 길이 18m의 호수가 있으며, 종유석과 석순이 많이 발달되어 있습니다.

사진: 문화재청

30. 태백 월둔동굴 (안경굴) 강원도 기념물 제58호

강원도 태백시 원동산 117번지

이 동굴은 강원포 삼척군 하장면 원동리 월둔(月屯)마을의 북쪽 산에 있는 석회동굴입니다.

우리나라 석회동굴 중에서는 가장 높은 곳에 있는 동굴로 해발 980m 지점에서 위치하고 있으며, 이 동굴은 주굴의 길이가 약 320m, 지굴까지 합치면 약 700m가 되는 수직동굴로써 지층의 지질연대가 약 5억 년에 만들어졌습니다.

크고 작은 7개의 공동(空洞)으로 된 불규칙적인 원통 모양의 수직동굴로 크게 4단계의 다층구조를 이루는 동굴이며, 동굴 생성물로는 종유폭포, 동굴산호 등을 많이 볼 수 있는데 특히 천장의 종유석 무리들은 학술적 관장 가치가 크고, 가장 밑에 있는 동굴 바닥의 광장에 동굴호수가 있는데 수심은 약 4m입니다. 광장의 중앙부에는 우리나라에서 손꼽히는 높이 8m의 대형석순이 있습니다.

사진: 문화재청

31. 화순 백아산 자연동굴 전라남도 기념물 제24호

전남 화순군 북면 수리 산123-1번지

　화순 백아산동굴은 지하수의 용해작용에 의하여 생긴 석회암 동굴로, 지금으로부터 약 2억 년 전에 만들어졌으며, 입구가 매우 좁아 출입이 불편하지만, 동굴 안에는 고드름처럼 생긴 종유석이 촘촘히 달려있고, 지하로 150m 가까이 들어가면 높이 5m의 폭포가 있습니다.
　전남지역에서 발견된 유일한 석회석 동굴입니다.

32. 삼척 저승굴 강원도 기념물 제40호

강원 삼척시 도계읍 한내리 산55번지

삼척 저승굴은 3층으로 이루어진 동굴로 주굴의 길이 700m, 총 길이는 1,200m입니다.

　동굴 안에는 동굴 생성물인 종유석과 동굴 바닥에서 돌출되어 올라온 석순, 그리고 종유석과 석순이 만나 기둥을 이룬 석주가 다양하게 펼쳐져 있으며, 지하수가 풍부하여 높이 11m의 거대한 폭포를 이루고 있습니다.

사진: 문화재청

33. 삼척 활기굴 강원도 기념물 제41호

강원 삼척시 미로면 활기리 산148-1번지

　삼척 활기굴은 풍촌 석회암 층을 모암으로 한 경사 굴이며, 총길이는 300m 내외이며, 동굴 입구는 매우 좁고 시냇물이 흐르고 있었으며, 동굴 생성물인 종유석과 석순, 석주가 있으나 발달이 빈약한 상태이고, 동굴의 끝부분에는 5m 정도의 폭포가 있습니다.

사진: 문화재청

34. 단양 영천동굴 충청북도 기념물 제164호

충청북도 단양군 매포읍 영천리 산 1

단양 영천동굴(해발 220m)은 석회암 동굴로 소백산맥에 속한 단양과 제천의 경계를 이루고 있는 갑산(해발 747m)의 동남사면 아래에 자리하고, 총연장 210m(미조사 지역 미포함)의 주굴과 지굴 4개로 형성되어 있으며, 긴 수중동굴 구간이 있으며, 동굴 주변 2km 내외에는 다수의 돌리네 현상(Solutional Doline)과 관련된 싱크홀(Sinkhole), 수직굴(Vertical Shaft), 우발라(Uvala), 카렌(Karren) 등 수많은 지표 카르스트 지형이 분포하고 있습니다.

동굴의 2차 생성물은 2개의 용식 클러스터링(clustering)으로 분포되어 있고, 대부분의 통로에 용식의 흔적이 경미한 특징을 가지고 있습니다. 영천동굴의 주굴과 지굴에서는 관박쥐, 개구리, 나방, 곱등이, 거미 등이 서식하고 있는 것으로 확인되었고 상당 기간 동굴에서 생활하였음을 알려주는 유물이 출토되었습니다.

사진: 문화재청

35. 합천 배티세일동굴 경상남도 기념물 제70호

경남 합천군 쌍책면 사양리 산170

합천 배티세일동굴은 자연동굴로서는 세계에서 최초로 보고된 세일동굴이며, 이현(梨峴)동굴이라고도 합니다. 경상누층군(慶商漏層群:경상계)과 같은 육상층 분포지에서 이례적으로 발견되었으며, 사양리 대장교마을 은방산 중턱에 위치합니다. 총 길이는 약 350m이며, 최대폭은 10m, 최대높이는 약 3.5m로 19개의 작은 가지가 달린 나무처럼 생겼습니다.

동굴 안에는 동굴폭포와 물웅덩이가 있고 벽에는 버섯 모양의 형성물이 희귀하게 자라나 있습니다. 또한 벽과 천장에는 막힌 구멍구조가 발달하여 석회동굴과는 큰 차이를 보여주며, 여름철에는 동굴 안의 온도 및 습도 변화와 동굴 밖의 공기가 들어옴에 따라 반복적으로 바람이 붑니다. 동굴 안에는 관박쥐 등이 살고 있으며, 사람의 뼈·오소리 앞니·닭뼈·토기 등이 발견되었습니다.

세계적으로 동굴의 종류는 석회동굴·용암동굴·역암동굴·사암동굴로 나눌 수 있는데, 우리나라에서 세일동굴은 최초로 발견되었으며, 이는 세계적으로 매우 희귀하고 특이한 동굴로 자연사 연구에 귀중한 자료가 되고 있습니다.

사진: 문화재청

36. 안동 미림동굴 경상북도 기념물 제36호

경북 안동시 북후면 석탑동굴길 116-15 (석탑리)

　안동 미림동굴은 석탑리 미림골에 위치해 있는 총 길이 350m의 석회동굴입니다. 동굴 입구와 통로가 매우 좁으며, 동굴 안은 크게 9개의 공간으로 나누어집니다. 1~3번째 공간에는 떨어진 암석과 진흙 등이 곳곳에 흩어져 있고, 3~6번째 공간에는 종유석과 석화(石花), 그리고 굽은 돌 등 희귀한 생성물이 많이 있습니다.

사진: 문화재청

37. 문경 모산굴 경상북도 기념물 제27호

경북 문경시 가은읍 성저리 산61번지

문경 모산굴은 성지리 마을에서 400m쯤 떨어진 북쪽 뒷산인 모산에 위치하고 있는 천연 석회암 동굴로 총 길이는 약 200m이며 수백만 년 전에 만들어진 것입니다.

동굴 안에는 10평이나 되는 넓은 공간에 고드름처럼 생긴 종유석이 천장과 벽에 커튼처럼 쳐져 있고, 동굴 바닥에는 돌출되어 올라온 석순이 있습니다. 동굴 중간 지점에서부터 지하수가 흐르고 있으며, 36종에 달하는 생물들이 살고 있습니다.

옛날부터 신성하게 생각하여 소원을 비는 장소로 알려져 왔고, 임진왜란(1592) 때는 마을 사람들이 왜군을 피해 숨었는데 굴 밖에서 아기 기저귀를 말리던 것을 보고 왜군이 굴속의 사람들을 찾아내기 위해 고추를 태워 몰살시켰다고 합니다. 이들의 원한을 위로하기 위해 해마다 정월 대보름이 되면 흥겨운 농악과 함께 별신제를 지냈다고 하는데, 한국전쟁 이후 이러한 풍습이 없어졌다고 합니다.

사진: 문화재청

38. 정선 비룡굴 강원도 기념물 제34호

강원 정선군 정선읍 용탄리 산1번지

정선 비룡굴은 석회암 동굴로 총 길이 1,500m이며 주굴은 600m입니다. 가로 한 줄의 형태로 곳곳에 넓은 공간이 있는데, 동굴 안에 흐르는 물이 없어 동굴 퇴적물의 생성을 볼 수 없는 퇴화 과정의 동굴로, 석화는 많이 발달하고 있으나 지하수의 침식에 의해 만들어지는 석순이나 종유석 등은 빈약합니다.

정선 비룡굴에는 들어가는 부분의 넓은 공간과 동굴 끝부분의 물웅덩이에 화석으로만 볼 수 있다는 갈루아벌레가 살고 있습니다.

❶ 석화
❷ 용식공
❸ 석순, 종유석
❹ 석주
❺ 석순과 석주

사진: 문화재청

39. 무주 마산동굴 전라북도 기념물 제41호

전북 무주군 적상면 사산리 산78번지

마산동굴은 석회암 천연동굴로 사산리 마산마을의 뒷산 노고봉의 놋쇠솥골 계곡에 있습니다. 단순히 오소리 굴로만 알려져 있다가, 오소리를 잡으려는 사냥꾼들이 다니게 되면서 발견된 종유석 동굴입니다.

동굴은 입구가 좁고 경사가 급하여 한 사람이 겨우 들어갈 정도입니다. 동굴 안에는 엷은 회색을 띤 벽과 엷은 홍색의 종유석, 그리고 석순이 아름답게 펼쳐져 있으며, 동굴을 기점으로 2.3km 부근 안에는 석회석, 장석, 규석 등의 광물이 있습니다.

사진: 문화재청

동굴 지정 현황(국가·지방문화재)

구분	지역	지정번호	문화재 명칭(동굴명)		소재지	개발여부
천연기념물 지정 동굴 (22개소: 31개 동굴)	강원도 (15개)	제178호	삼척 대이리 동굴지대 (7개)	관음굴, 덕밭세굴, 양터목세굴, 큰제세굴, 사다리바위바람굴, 환선굴, 대금굴	삼척시	미공개
						공 개
		제219호	영월 고씨굴		영월군	공 개
		제178호	삼척 관음굴		삼척시	미공개
		제226호	삼척 초당굴		삼척시	미공개
		제260호	평창 백룡동굴		평창군	공 개
		제510호	평창 섭동굴			미공개
		제509호	정선 산호동굴		정선군	미공개
		제549호	정선 용소동굴		정선군	미공개
		제557호	정선 화암굴		정선군	공 개
	경상북도(1개)	제155호	울진 성류굴		울진군	공 개
	전라북도(1개)	제177호	익산 천호동굴		익산시	미공개
	제주특별자치도 (11개)	제98호	제주 김녕굴 및 만장굴	만장굴	제주시	공 개
				김녕사굴		미공개
		제236호	제주한림용암동굴지대	협재·쌍용굴		공 개
				소천굴, 황금굴		미개발
		제342호	제주 어음리 빌레못동굴			미공개
		제384호	제주 당처물동굴			미공개
		제466호	제주 용천동굴			미공개
		제490호	제주 선흘리 벵뒤굴			미공개
		제467호	제주 수산동굴		서귀포시	미공개
		제552호	거문오름 용암동굴계 상류 동굴군(웃산전굴, 북오름굴, 대림굴)		제주시	미공개
	충청북도 (3개)	제256호	단양 고수동굴		단양군	공 개
		제261호	단양 온달동굴			공 개
		제262호	단양 노동동굴(2008.1.1 폐쇄)			공 개
지방문화재 지정 동굴 (20개 동굴)	강원도 (12개)	제23호	영월 용담굴		영월군	미공개
		제31호	영월 연하동굴			미공개
		제32호	영월 대야동굴			미공개
		제34호	정선 비룡굴		정선군	미공개
		제35호	강릉 동대굴		강릉시	미공개
		제36호	강릉 서대굴			미공개
		제37호	강릉 옥계굴			미공개
		제38호	강릉 비선굴			미공개
		제39호	태백 용연동굴		태백시	공 개
		제58호	태백 월둔동굴			미공개
		제40호	삼척 저승굴		삼척시	미공개
		제41호	삼척 활기굴			미공개
	경상북도 (2개)	제27호	문경 모산굴		문경시	미공개
		제36호	안동 미림동굴		안동시	미공개
	경상남도 (1개)	제70호	합천 배티세일동굴		합천군	미공개
	전라북도 (1개)	제41호	무주 마산동굴		무주군	미공개
	전라남도 (1개)	제24호	화순 백아산자연동굴		화순군	미공개
	제주특별자치도 (1개)	제53호	북촌동굴		제주시	미공개
	충청북도 (2개)	제19호	단양 천동동굴		단양군	공 개
		제164호	단양 영천동굴		단양군	미공개
미지정 동굴	강원도 (4개)	–	동해 천곡황금박쥐동굴		동해시	공 개
		–	영월 명마굴			미공개
		–	영월 능암덕산굴			미공개
		–	영월 괴동굴			미공개
	제주특별자치도 (3개)	–	제주 미천굴		서귀포시	공 개
		–	구린굴		제주시	미공개
		–	거문오름 수직굴		제주시	미공개

2장_ 용암동굴
lava tude

　화산이 폭발하여 용암이 지표면을 흘러내릴 때 그 용암류 속에서 형성된 동굴입니다.
　용암동굴의 내부에는 원통형의 공동(空洞)이 형성되어 있는 경우가 있는데 이를 용암관(lava tube)이라고 하며, 작은 것은 직경이 10cm부터, 길이 1m정도에 이르는 크기이나 직경이 10m이상, 길이 100m～수십km에 이르는 것들도 있는데 이러한 대규모의 용암관을 "용암동굴(lava cave 또는 lava tunnel)"이라 합니다.

　용암이 멀리까지 흘러갈 때는 대기와 접하는 겉 부분은 먼저 딱딱하게 굳지만 그 안에 있는 용암은 아직 뜨거운 액체 상태이기 때문에 계속 앞쪽으로 경사를 따라 전진하게 됩니다. 이때 용암 분출이 멈춰져 용암이 뒤쪽에서 더 이상 공급이 안 되면 뒤쪽, 즉 화산체에 가까운 쪽은 용암이 빠져나간 상태 그대로 텅 빈 공간으로 남게 되는데 이것이 용암동굴입니다.
　따라서 용암동굴이 잘 발달하려면 용암이 멀리까지 흘러가면서 천천히 식어야 하고, 이러한 성질을 갖는 것이 현무암질 용암입니다.

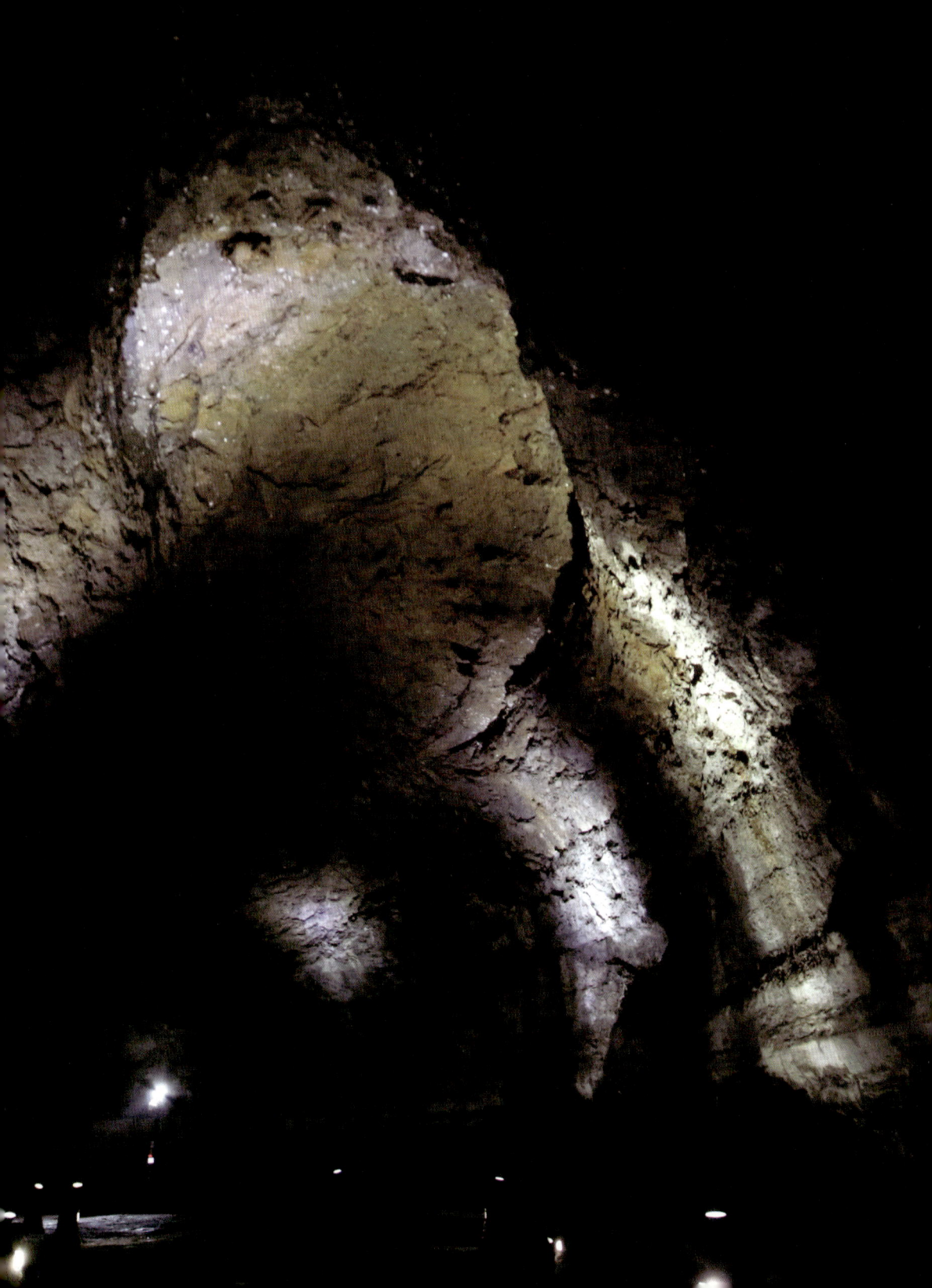

우리나라에서 현무암질 용암이 분출한 화산 지형은 제주도와 강원도 철원 일대이지만, 철원 지역은 주변이 산으로 둘러싸여 있어 용암이 멀리까지 흐르지 못하고 계곡을 메웠기 때문에 동굴이 발달하지 못한 지역입니다. 이러한 지형을 용암대지라고 합니다. 이에 반해 제주도는 한라산에서 분출한 현무암질 용암이 거침없이 멀리까지 흐르면서 대규모의 세계적인 용암동굴 지대가 만들어졌습니다.

용암이 동굴 속을 흘러가면서 천장이나 벽면에 흘러내리는 용암에 의해 또는 용암 내의 공기가 빠져나가면서 여러형태의 동굴 생성물이 만들어지는데 대표적으로 용암종유, 석순, 곡석, 유석, 산호, 선반, 폭포 등이 생성됩니다.

☑ 용암(화산)동굴의 구조

제주 세계자연유산센터

☑ 용암동굴 생성물

1. **용암종유**(Lava stalactite)- 굳지 않은 용암이 천장에서 흘러내리면서 만들어지는 것입니다.
2. **용암석순**(Lava stalagmite)- 천장으로부터 떨어지는 용암이 굳으면서 자라는 것을 말합니다.
3. **용암유석**(Lava flowstone)- 굳지 않은 용암이 벽면을 따라 흐르면서 자라나는 것입니다.
4. **용암곡석**(Lava helictite)- 용암에서 가스가 빠져나오면서 성장합니다.
5. **용암선반**(Lava bench)- 선반 형태를 띠는 지형을 말합니다.
6. **용암폭포**(Lava fall)- 용암이 폭포 형태로 흐른 지형입니다.
7. **유선구조**(Flowline)- 동굴 속에 흐르는 용암의 표면을 따라서 남는 선을 말합니다.
8. **아아용암**(Aa lava)- 용암이 흐를 때 바닥에 나타나는 울퉁불퉁한 형태를 말합니다.(아아 용암은 표면이 거칠고, 울퉁불퉁하여 맨발로 밟을 때 '아아' 하고 아픈 소리를 낸다고 하여 붙여진 이름입니다.)

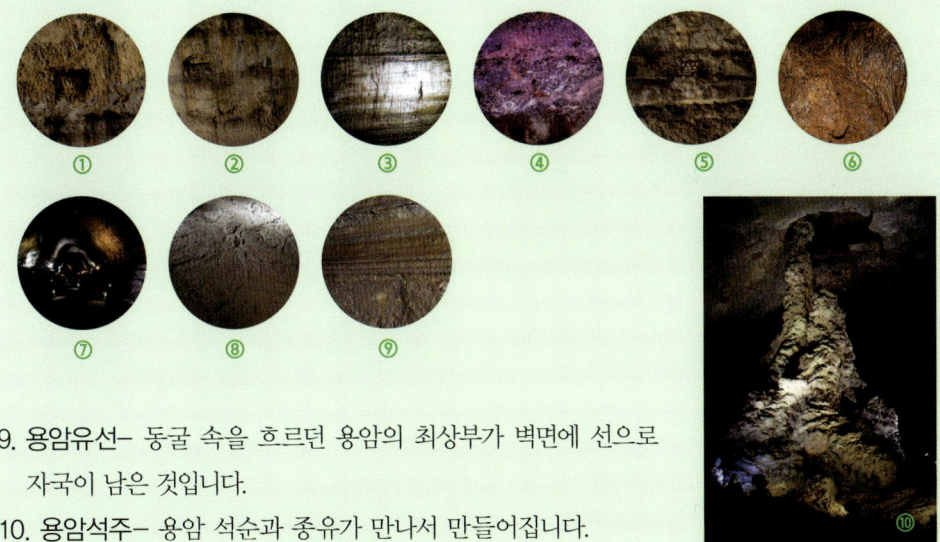

9. **용암유선**- 동굴 속을 흐르던 용암의 최상부가 벽면에 선으로 자국이 남은 것입니다.
10. **용암석주**- 용암 석순과 종유가 만나서 만들어집니다.

제주도의 대표적인 용암동굴로는 빌레못동굴, 만장굴, 김녕굴, 협재굴, 황금굴, 쌍룡굴, 와흘굴, 한들굴, 구린굴, 소천굴, 미천굴, 수산동굴, 수직굴 등이 있습니다.

1. 만장굴

천연기념물 제98호, UNESCO 세계자연유산,
우리나라 최초 세계지질공원
제주특별자치도 제주시 구좌읍 만장굴길 182

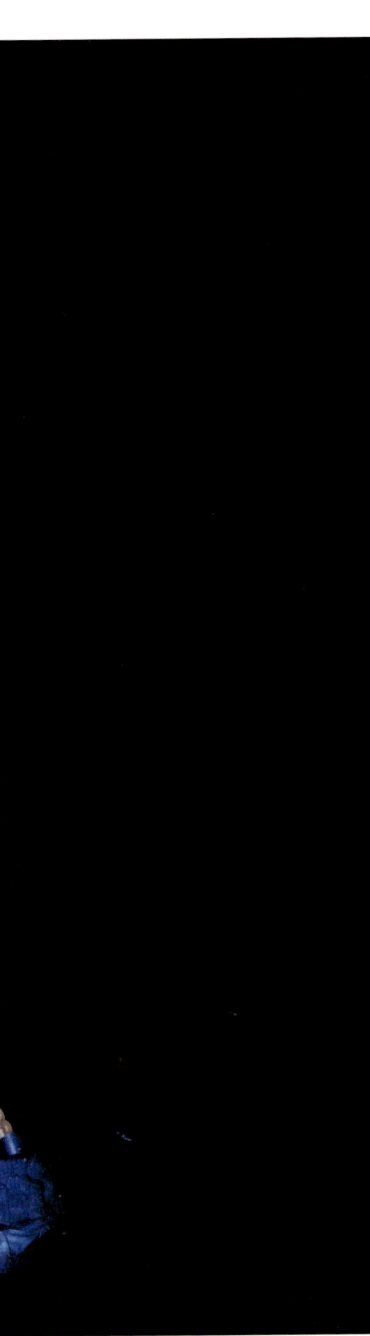

만장굴은 세계에서 가장 긴 용암동굴로 알려져 있습니다. 제주에는 용암동굴이 많이 있습니다. 약 80여 개에 이르는데, 용암동굴은 주로 섬의 북서쪽과 북동쪽에 분포하는데, 섬의 북동쪽에서는 만장굴이 가장 대표적입니다.

제주말로 '아주 깊다'는 의미에서 '만쟁이거머리굴'로 불려온 만장굴은 약 10만 년 전~30만 년 전에 생성되었고, 제주도는 180만 년 전에 형성된 것으로 추정되지만, 1958년에야 당시 김녕초등학교 교사였던 부종휴씨에 의해 발견되어 세상에 알려지게 되었습니다. 만장굴은 총 길이가 약 7,416m에 이르며, 부분적으로 다층구조를 지니는 용암동굴이며, 주 통로는 폭 23m, 높이가 30m에 달합니다.

입구는 총 세 곳으로, 제1 입구는 둘렁머리굴, 제2 입구는 남산거머리굴, 제3 입구는 만쟁이거머리굴이라 불리는데, 일반인에게 공개된 곳은 제2 입구이며 용암석주까지 1km만 탐방이 가능합니다.

만장굴 입구

1. 만장굴 135

만장굴 내부에는 용암종유, 용암석순, 용암유석, 용암유선, 용암선반, 용암표석 등의 다양한 용암동굴 생성물이 발달하며, 특히 개방구간 끝에서 볼 수 있는 약 7.6m 높이의 용암석주는 세계에서 가장 큰 규모로 알려져 있습니다.

인근에 있는, 김녕사굴, 밭굴, 개우젯굴과 애초에 모두 연결되어 있었으나 천장이 붕괴되면서 분리된 것으로 여겨진다고 합니다.

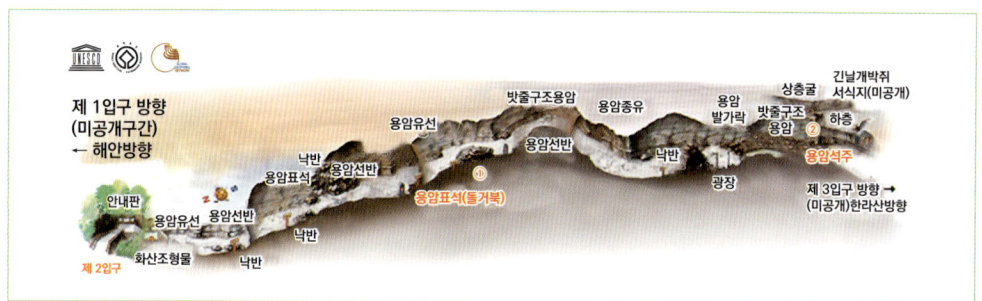

안내도

통로바닥

3계단 입구에서 400m 정도 들어가면 낙반석을 무더기로 모아둔 곳이 있습니다. 이곳은 높이가 15m로, 공개된 구간 가운데 천장이 가장 높으며, 안쪽으로 약 200m쯤 더 들어가면 용암표석(거북이)이 그대로 굳어버린 듯한 너비 2m 높이 0.7m 길이 3m의 타원형 돌이 나오는데, 전체 모양이 제주 지형을 축소한 것 같은 형태입니다. 이곳에서 용암선반, 용암조유를 거쳐 가다 보면 용암 발가락을 마주하게 되며, 마지막 지점에는 만장굴의 자랑인 용암석주를 마주하게 됩니다. 제2 입구에서 공개된 구간까지 왕복하는데 걸리는 시간은 대략 1시간 정도입니다.

비공개 구간인 3.8㎞ 지점에는 굴 양쪽에 새의 날개 모습을 하고 있는 날개벽이 있고, 이보다 더 안쪽에는 지네·진드기·톡톡이 등을 먹고 사는 2만여 마리의 박쥐와 남조류·녹조류 등의 식물이 살고 있는데, 학술상 보호를 위해 공개하지 않고 있습니다.

만장굴과 이웃한 S자형의 소규모 용암동굴인 김녕사굴은 만장굴이 길고 웅장한데 견주어 단조롭고, 굴의 모양이 뱀이 벗어놓은 허물 같다고 해서 '뱀굴'이라고 불리기도 합니다.

용암표석(돌거북)
동굴천장에서 떨어진 낙반이 흐르는 용암과 함께 흐르다가 굳어버린 암석덩어리입니다.

만장굴의 명물인 거북이 모양의 표석은 입구에서부터 600m 지점에 있습니다.

용암표석(돌거북)

1. 만장굴　137

유선구조

만장굴 벽면에는 용암이 흐르던 흔적이 그대로 남아 있는데 동굴 속을 흐르던 용암의 최상부가 벽면에 선으로 자국이 남은 것입니다. 이러한 선 구조는 동굴이 형성된 후 용암이 얼마나 자주, 얼마나 많이 흘렀는지를 보여주는 것입니다.

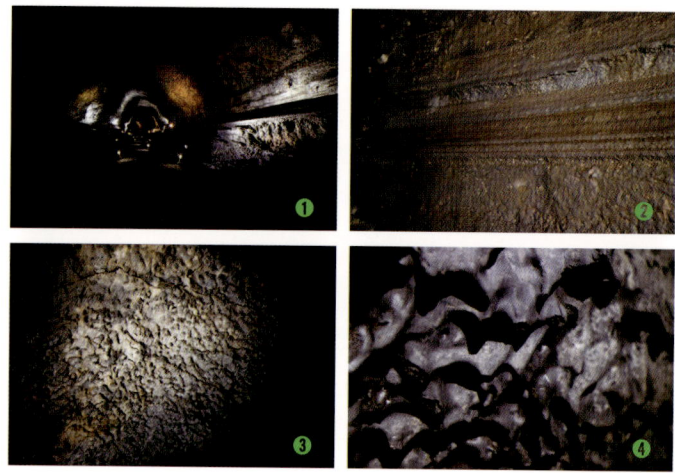

용암종유

동굴내부로 용암이 흘러갈 때, 뜨거운 열에 의해 천장의 표면이 열에 녹으면서 만들어진 동굴 생성물로써 상어이빨, 빨대모양, 고드름모양등 불규칙한 모양을 하고 있습니다. 주로 높이가 낮은 좁은 통로에서 많이 관찰됩니다.

좁은 통로와 넓은 통로

만장굴 내에는 통로가 넓은 부분과 좁은 부분이 반복적으로 나타나는데, 용암동굴은 내부로 공급되는 용암의 열에 의해 바닥은 녹고 천장에는 용암이 달라붙어 매우 불규칙한 동굴의 형태가 만들어집니다. 특히 통로가 좁아지는 곳을 지나면 천장이 높아지고 위로 오목하게 들어가 있는 지형들이 나타나는데 이와 같이 위로 오목하게 높아진 천장의 구조를 '큐폴라'라고 합니다.

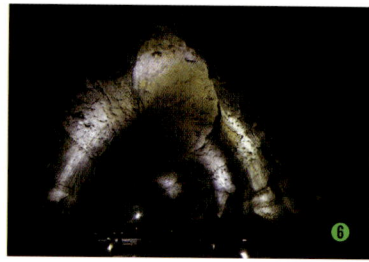

❶ 유선구조
❷ 용암유선
❸ 용암종유
❹ 용암종유
❺ 좁은통로
❻ 넓은통로

낙반

용암동굴 바닥에는 천장으로부터 떨어진 암석(암괴)이 많이 발견되는데, 이것을 낙반이라 합니다. 낙반은 주로 용암동굴이 형성될 때, 혹은 형성된 후에 천장의 암석이 떨어진 것입니다.

바닥의 용암이 굳으면서 더 이상 흐르지 않을 경우에는 떨어진 낙반이 그대로 쌓여 있지만, 용암이 흐르는 경우 대부분의 낙반은 용암에 의해 하류로 이동되거나 녹아서 없어집니다.

용암선반

동굴 내부를 흘러가던 용암이 동굴 벽면에 달라붙거나, 동굴바닥이나 상부표면이 용암이 흐르는 동안 녹아 깎여나가면서 선반이나 탁자 형태로 만들어진 것을 말합니다.

밧줄구조

만장굴 바닥에서 볼 수 있는 생성물로 용암이 흘러갈 때 표면이 먼저 꾸덕꾸덕 굳으면서 밀리게 되어 표면에 마치 밧줄모양과 같은 구조가 발달합니다.

❶ 낙반
❷ 용암선반
❸ 밧줄구조
❹ 밧줄구조(샘플)

규암편

만장굴의 낙반은 대부분 현무암질 암석으로 구성되어 있으나, 그 내부에는 간혹 현무암과 구별되는 백색이나 회색을 띠는 암편들이 포함되어 있습니다. 이들 암편은 크기가 약 1~5cm정도로 백색을 띠며 용암이 지표로 올라올 때 제주도 기반을 이루고 있는 변성암류(규암)가 함께 끌려올라와 용암과 함께 굳은 것으로 추정됩니다.

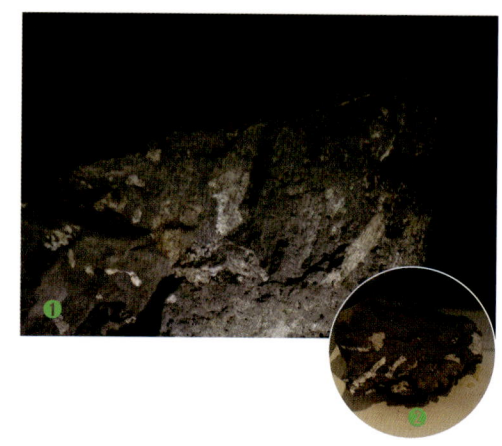

용암발가락

용암이 흐르면서 먼저 굳어진 표면의 틈을 따라 내부에 있던 용암이 코끼리 발톱 모양으로 빠져 나온 형태를 말하는데, 만장굴에서는 용암석주를 만든 용암이 동굴바닥으로 흐르면서 형성된 것입니다.

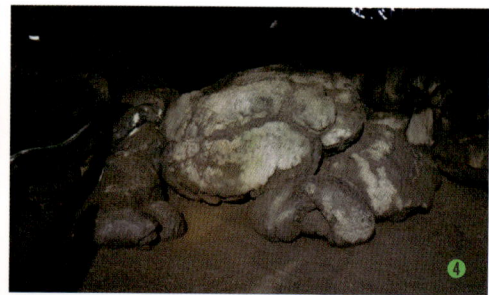

❶ 규암편
❷ 규암편 샘플
❸ 용암발가락
❹ 용암발가락
❺ 광장

용암유석

용암유석은 동굴 내부로 용암이 지나갈 때 뜨거운 열에 의해 천장이나 벽면이 녹아 벽면을 타고 흘러내리다가 굳어서 생긴 동굴 생성물입니다.

벽면을 따라 흘러내린 용암은 온도와 공급량에 따라 다양한 크기, 형태의 용암유석을 만들게 됩니다. 용암동굴이 형성된 후 동굴 벽 속에 굳지 않은 용암이 벽면의 작은 구멍을 통해 흘러나오며 용암유석이 만들어지기도 합니다.

용암석주

만장굴이 만들어진 뒤 무너진 천장(상층 굴) 틈으로 흘러들어온 용암이 바닥에 기둥모양으로 만들어진 동굴 생성물입니다.

이 용암기둥은 약 2만여 년 전에 생긴 것이며, 높이는 7.6m입니다.

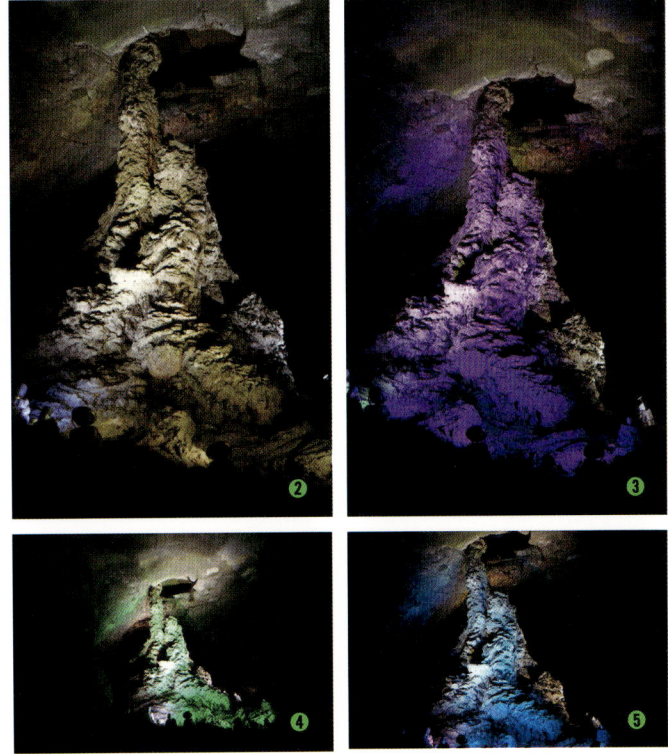

❶ 용암유석
❷~❺ 용암석주

2. 협재굴 천연기념물 제236호

제주특별자치도 제주시 한림읍 협재리

협재굴과 쌍용굴은 제주도의 대표적인 용암동굴이자 석회동굴입니다. 또한 쌍용굴의 제2 입구와 협재굴의 끝부분이 인접해 있어 두 동굴은 원래 하나였다가 내부 함몰로 인해 나누어진 것으로 추정되고 있습니다.

협재굴과 쌍용굴을 가려면, 한림공원(1,000여 종 2만여 그루의 식물이 자라는 아열대 식물원) 안으로 들어가야 합니다.

관람할 수 있는 구간은 길이 160m 정도만 공개되고 있으며 높이는 6m, 폭은 12m입니다.

용암동굴이면서도 석회암 동굴을 연상시키는 패사 석회질인데 피복된 용암종유, 용암석순, 용암선반 등이 발달되어 있으며

표지석

천장의 절리를 따라 발달된 종유관이 있습니다. 이미 형성된 새까만 용암동굴 안으로 석회성분의 조갯가루가 스며들면서 황금빛 석회동굴로 변해가고 있어 살아있는 동굴이라고 할 수 있습니다. 협재리 일대는 비양도 분출 때 생겼다는 백설 같은 패사층으로 덮여 있고, 부근의 황금굴, 소천굴, 초깃굴, 쌍용굴은 협재굴과 함께 제주도 한림 용암동굴지대(천연기념물 236)를 이루고 있습니다.

입구

협재굴은 페루의 돌소금동굴, 유고의 해중석회동굴과 함께 세계 3대 불가사의 동굴로 알려져 있습니다.

동굴 입구

종유석과 석순

천장 틈 사이로 석회수가 스며들면서 용암동굴에서는 형성될 수 없는 동굴 생성물인 가느다란 종유석이 자라고 있습니다. 종유석에서 굳지 못한 석회수가 바닥으로 떨어지면서 조금씩 굳어져 석순이 만들어지는데, 학자들의 연구에 따르면 100년에 1cm 정도 씩 자란다고 합니다.

❶ 종유석
❷ 석순
❸ 살아있는돌
❹ 동굴산호
❺ 황금빛 석회동굴 천장의 절리
❻ 낙반
❼ 천장

살아있는 돌

이 돌은 천장에서 떨어진 것으로 천장의 구멍과 아래의 돌을 비교해보면 그 모양은 같지만 이 돌이 조금 더 크다는 것을 알 수 있습니다. 천장의 구멍은 석회수가 스며들면서 굳어져 점점 작아지고, 이 돌은 석회수가 떨어

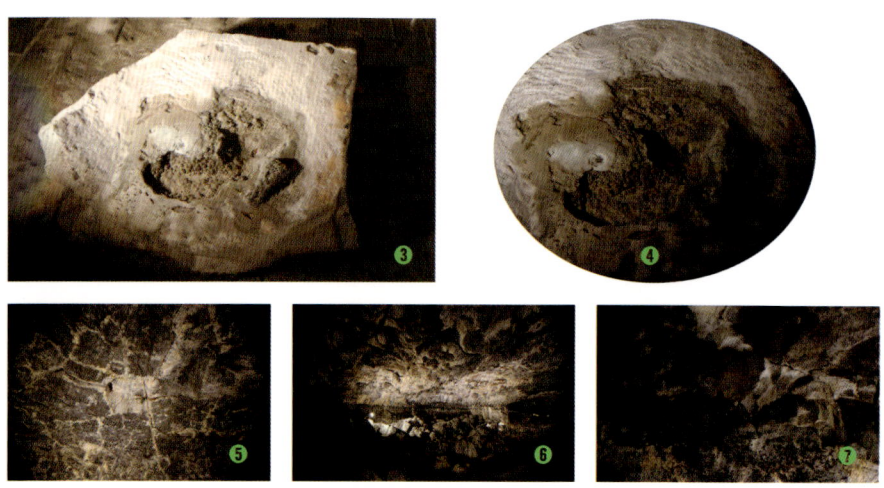

지면서 점점 커가고 있기 때문에 살아있는 돌이라고 부릅니다. 돌 가운데 고인 물속에는 바다의 산호와 비슷한 동굴산호가 자라고 있습니다.

마른폭포와 황금산맥

벽면을 보면 석회수가 스며들어서 굳어진 모습이 폭포수처럼 보입니다. 이 마른폭포는 비가 오는 날이면 실제로 폭포같이 물이 흘러내려 더욱더 보기 좋습니다.

앞에 보이는 돌은 원래 검은색의 용암석이었는데, 떨어지는 석회수로 덮여지면서 황금색으로 변하고 있습니다.

협재굴 출구

이곳은 원래 천장까지 모래로 막혀있었던 곳입니다. 이전에는 협재굴을 탐방하고 다시 돌아나갔는데, 1982년에 막혀있던 모래를 제거하고 출구를 만들어서 쌍용굴과 연결하여 공개하고 있습니다.

❶ 마른폭포와 황금산맥
❷ 황금산맥
❸ 협재굴 출구

3. 쌍룡굴 천연기념물 제236호

제주특별자치도 제주시 한림읍 한림로 300

입구

협재굴에서 나오면 바로 쌍룡굴입니다. 쌍룡굴은 두 마리용이 굴 내부에 있다가 빠져나간 듯한 모양을 하고 있습니다. 공개된 구간의 동굴 길이는 약 400m, 너비 6m, 높이 3m 규모이며 협재굴과 마찬가지로 검은색의 용암동굴이 석회수로 인해 황금빛 석회동굴로 변해가는 모습을 볼 수 있습니다. 한림 읍에는 조선시대 명의 월계진좌수의 전설이 전해오는데 이를 형상화한 조각 작품도 있습니다.

쌍룡굴 내부는 낙반을 비롯해 용암선반, 용의 꼬리 부분이라고 명명된 작은 구멍의 가지굴, 유석과 커튼, 종유 등의 동굴 생성물을 볼 수 있고, 동굴 벽면에 탄산염 성분으로 피복된 곳이

많이 있습니다. 특히 '지의 석주'라고 명명된 타원형의 '지하 대교각'은 용암석주로 잘못 이해하기 쉬운데 학술적인 정확한 용어로는 용암주석입니다. 용암석주는 동굴 형성 당시 동굴의 천장에서 공급된 용암이 아래로 흘러내리면서 굳어진 기둥 모양의 동굴 생성물이고, 반면에 용암주석은 동굴 속 한곳으로 흐르던 용암이 두 갈래로 갈라져서 흐르다 다시 만나면서 가운데에 기둥 모양으로 형성된 생성물입니다.

용암 주석

쌍룡굴은 황금굴, 소천굴, 만장굴과 더불어 제주도의 대표적인 용암동굴이며, 250만년 전 한라산 일대의 화산이 폭발하면서 협재굴과 함께 생성되었습니다.

황금굴

3. 쌍룡굴 147

용암 선반
수평으로 이어진 선반형태로 뜨거운 액체상태의 용암이 흘러내려갔던 흔적으로 물건을 얹어두는 선반처럼 보인다하여 용암선반이라고 합니다.

용의 형태
천장에 보이는 작은 동굴이 용의 꼬리가 빠져 나온 곳입니다. 길이는 50m정도이며, 용꼬리가 안에서부터 꿈틀거리며 빠져나온형태를 하고 있습니다. 천장 가운데 넓어지면서 움푹 팬 부분이 용의 몸통처럼 선명하게 보입니다.

제2의 용 형태
천장의 용암석 틈 사이로 스며드는 석회수가 굳어진 모양이 마치용의 비늘과 척추처럼 보입니다. 이렇게 두 마리 용의 형태를 볼수있기에 이 동굴을 쌍용굴이라합니다.

지하의 대교각
이곳은 원래 천장까지 모래로 막혀 있었던 곳으로 모래를 전부 파낸 결과 이러한 돌기둥이 발견되었습니다. 마치 다리를 받쳐주는 기둥처럼 보여서 지하의 대교각이라고 부르고 있습니다.

명의 월계 진좌수 전설
조선 영조 때 이 고장에 살았던 소년 진좌수는 서당에 가던 길에 소나기를 만나 동굴에 들어갔는데 그곳에서 예쁜 소녀를 만난 후 그 소녀의 구슬을 가지고 매일 매일 함께 놀게 되었다. 그 후로부터 진좌수는 날이 갈 수록 얼굴이 야위어가자, 서당 훈장이 이상하게 생각하다 소녀가 늙은 여우인 것을 알게 되었고 서당훈장은 진좌수에게 그 소녀가 가지고 있는 구슬을 삼키

❶ 용암 선반
❷ 용 머리
❸ 용 몸통
❹ 용 꼬리
❺ 제2의 용 형태

면서 '하늘'과 '땅'과 '사람'을 보라고 당부하였다. 그 다음날 소녀를 만난 진좌수는 훈장님 말씀대로 소녀의 구슬을 삼켜버리자 소녀는 여우로 변해서 진좌수에게 덤벼들었다.

이에 당황한 진좌수는 하늘과 땅은 미처보지 못한 체 도망치다 지나가는 사람을 만나 목숨을 건지게 되었어요, 그 후부터 진좌수는 하늘과 땅에 대해서는 알지 못하였으나 사람에 대해서는 모든 것을 꿰뚫어보는 명의가 되어 사람 뱃속을 훤히 들여다볼 수 있어 죽은 사람도 살려냈었다고 하는 전설이 있습니다.

여인상(모자상)
여인상은 마치 어머니가 아기를 안고 있는 형상을 하고 있습니다. 여인상 뒤쪽으로 동굴이 계속 연결되는데 출입이 제한된 곳입니다. 박쥐를 비롯한 여러 가지 동굴 생물들이 서식하고 있습니다.

곰과거북
곰이 한쪽 귀를 잡고 쪼그리고 앉아있는 형상을 하고 있으며, 가운데 흰 부분이 곰의 눈처럼 보입니다. 오른쪽 아래는 거북이 형상이고, 위의 돌멩이들은 떨어지는 석회수로 인하여 한 덩어리로 굳어진 것으로 부엉이처럼 보입니다.

쌍용굴 출구
이 곳은 천장까지 모래로 완전히 막혀 있었던것을 모래를 파내고 출구를 만들었습니다.

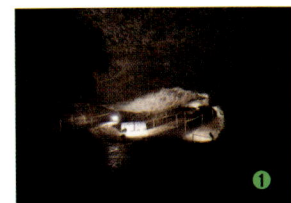

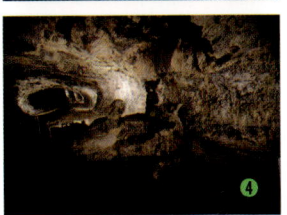

❶ 지하의대교각
❷ 명의 월계 진좌수
❸ 여인상(모자상)
❹ 곰과거북
❺ 쌍용굴 출구

4. 미천굴

제주특별자치도 서귀포시 성산읍 중산간도로

이곳 미천굴은 제주 일출랜드 내에 있는 용암동굴입니다. 제주도 15개 동굴군 중 삼달리 동굴군의 대표적인 미천굴은 관찰 가능 1700여m 중 365m만 공개 구간으로 하고 있습니다.

대형 동공과 웅장한 폭이 특징이며, 비 온 다음날 조용할 때는 물 흐르는 소리와 물 떨어지는 소리가 지하동굴의 신비를 느끼게 합니다.

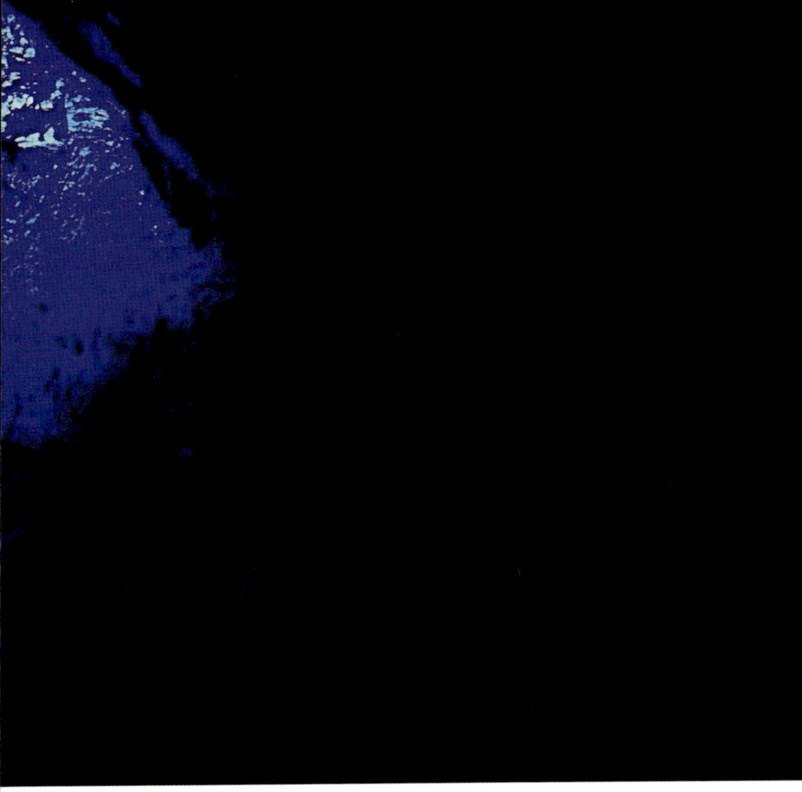

현재 미천굴 입구에서 오른쪽 방향의 동굴은 지굴(일명 가지굴)로써 길이가 400m 정도이며, 미천굴 제1굴로 불리고 있습니다. 제1 굴은 미천굴 관광지구의 중심을 이루는 관광 동굴로, 일반인들에게 개방하고 있으나, 입구에서 왼쪽 방향의 동굴은 주굴(主窟)로써 길이가 1300m 정도 되는 제 2굴은 천장 낙반 현상과 점토 유입이 매우 심하여 현재는 미공개 상태에 있습니다.

석심수

동굴 천장에서 한 방울씩 떨어지는 물입니다.

석심수

5. 김녕굴 천연기념물 제98호

제주특별자치도 제주시 구좌읍 김녕리

김녕굴과 만장굴은 하나의 화산 동굴 계에 속하고 있었으나 후에 동굴 천장이 함몰되어 두 개의 동굴로 구분된 것으로, 거문오름 용암 동굴 계에 해당하며, 동굴들의 총 연장은 15,798m이고, 김녕굴의 총 길이는 705m이다. 1962년 12월 3일에 1,086,157㎡ 면적의 '제주도 김녕굴 및 만장굴'이 천연기념물 제98호로 지정되었고, 2007년에는 유네스코 세계자연유산에 거문오름, 뱅뒤굴, 만장굴, 김녕굴, 당처물굴, 용천동굴이 지정되었습니다.

동굴 입구에서 계단 모양으로 층을 이루고 있는 지붕 모양의 암석을 볼 수 있는데, 이는 동굴 속을 흐르던 용암의 높이가 여러 번 변화했음을 의미하며, 동굴의 천장에는 오각형 또는 육각형의 절리들이 발달해 있는 것을 볼 수 있습니다. 동굴 벽에는 용암이 흘렀던 기록들이 남아있고, 천장 가까이에는 돌고드름처럼 생긴 용암 종유석들이 많은 것으로 보아 용암은 상당히 묽은 상태였던 것을 알 수 있습니다.

거문오름 용암 동굴 계는 거문오름에서 시작되어 해안가의 당처물굴까지 거의 직선으로 형성되며, 크게 3개 방향의 동굴 계가 형성되어 있는데, 규모가 가장 큰 제1 동굴 계는 14.6km, 제1 동굴 계와 거의 나란한 제2 동굴 계는 13.2km, 거문오름에서 북서쪽으로 방향을 트는 제3 동굴 계는 8.2km로 전체 길이가 약 36km에 이릅니다. (사진: 문화재청)

6. 황금굴 천연기념물 제236호

제주특별자치도 제주시 한림읍 협재리(挾才里)에 있는 용암동굴입니다.

한림공원이 소유 관리하고 있는 황금굴은 동굴 발견 이후 지금껏 비공개로 관리되고 있고, 쌍용굴 출구 뒤쪽인 동남쪽의 공원 경계 부근에 있습니다 협재굴과 쌍용굴, 소천굴과 함께 1971년 9월 30일 천연기념물로 지정 보호되고 있습니다.

앞에 쌓인 모래더미를 30m 정도 파고 들어가면 황금굴로 연결됩니다. 황금굴은 천장과 벽면이 찬란한 황금빛 석회질로 뒤덮여 있으며 종유석, 석순, 동굴진주, 전복화석 등의 동굴 생성물이 형성돼 있어 동굴 학계의 소중한 자료가 되고 있습니다. 또한 황금굴 뒤에 초깃굴, 소천굴등 15개의 동굴이 분포되어 있어 협재굴, 쌍용굴과 함께 총 연장 17km 이상 되는 세계최장의 용암동굴 시스템을 형성하고 있습니다.

7. 제주 어음리 빌레못동굴 천연기념물 제342호

제주 제주시 애월읍 어음리 707 외 85필

빌레못동굴은 제주 어음리 산 중턱에 자리 잡고 있습니다. 동굴 주위에 두 개의 연못이 있어 평평한 암반을 뜻하는 빌레라는 제주도 말과 연못의 못이 합쳐져 '빌레못'이라는 이름이 붙여졌습니다. 동굴의 총길이는 11,749m로 제주도 내 용암동굴 중에서 가장 길며, 화산활동에 의해 7~8만 년 전에 만들어진 것으로 추정하고 있습니다.

빌레못동굴 안의 동굴 생성물 중에서 높이 28㎝의 규산주(규소와 산소·수소의 화합물로 이루어진 기둥)와 길이 7m, 높이 2.5m의 공 모양으로 굳은 용암이 있으며, 땅에서 돌출되어 올라온 높이 68㎝의 용암 석순은 세계에서 두 번째로 큰 것입니다. 또한 동굴 벽면에는 용암이 냉각되면서 밑으로 밀려 내려온 흔적이 그대로 남아있습니다.

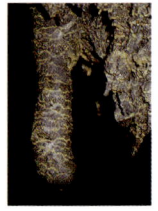

빌레못동굴은 세계적인 용암동굴로써 동굴이 만들어질 때의 흔적을 다양하게 보여주고 있으며, 대륙에서 서식하는 황금 곰(갈색곰)의 화석을 비롯해 용암으로 만들어진 구석기시대 유물 박편석기와 골각기, 불을 땐 흔적인 목탄 등이 발견되었습니다. (사진: 문화재청)

8. 당처물동굴 천연기념물 제384호

제주 제주시 구좌읍 월정리 1457 외 4필

　화산활동에 의해 땅에서 3㎞ 정도 아래에 형성된 용암동굴로 32만 년 전에 만들어진 것으로 추정되는 당처물동굴은 1994년 인근 주민이 밭농사를 위해 터고르기를 하던 중 발견되었습니다. 동굴의 총길이는 360m이며, 동굴의 폭은 5~15m, 높이는 0.5m~2.5m 정도이며, 용암동굴이지만 동굴 위의 지표에 쌓인 조개 모래의 석회성분에 의해 만들어진 2차 생성물이 석회동굴을 방불케 하고 있습니다.

　고드름처럼 생긴 종유석과 땅에서 돌출되어 올라온 석순, 그리고 종유석과 석순이 만나 기둥을 이룬 석주 등 동굴 생성물이 매우 아름답게 발달해 있습니다. 특히 가늘고 긴 종유석과 기둥 모양의 석주가 동굴 전체에 걸쳐 크게 발달하였고, 동굴내부에는 2차 생성물이 매우 다양하여 수많은 탄산염 종유석·종유관·석순·석주·동굴진주 등이 분포하고 있어, 용천동굴과 함께 높은 학술적 가치를 지닌 세계적인 동굴로 평가되고 있습니다. 현재 당처물동굴은 용천동굴과 함께 일반인에게 공개되지 않고 있습니다. (사진: 문화재청)

9. 용천동굴 천연기념물 제466호

제주 제주시 구좌읍 월정리 1837-2 외

　　제주도 용암동굴의 가장 전형적인 형태를 보여주고 있는 대형 동굴인 용천동굴은 2005년 전신주 공사 도중 우연히 발견되었습니다. 동굴의 총길이는 3.4㎞이며, 동굴의 끝부분에는 길이가 800m 이상인 호수가 분포하고 있으며, 용천동굴은 웅장한 용암동굴의 형태를 보이면서도, 이차적으로 형성된 탄산염 동굴 생성물이 장관을 이룹니다. 특히 육각형의 주상절리 틈 사이를 따라 동굴 내부로 유입된 흰색의 석회물질과 동굴 벽면에 서식하는 노란색의 박테리아의 분포 형태는 마치 호랑이 가죽 모양을 연상케 합니다. 동굴 내부에는 이차 탄산염 생성물인 탄산염 종유관, 종유석, 석주, 유석, 동굴산호 등이 매우 다양하고 화려하게 분포하고, 약 140m 길이의 용암 두루마리를 비롯한 용암단구, 용암선반, 용암폭포 등의 미지형 및 생성물이 특징적으로 잘 발달되어 있습니다.

　　용천동굴 내부에는 토기편, 동물뼈, 목탄, 조개껍질, 철기, 돌탑 등과 같은 역사적인 유물들이 발견도었는데, 이 유물들은 8세기 전후의 것으로 추정되며, 과거 제주도의 역사를 재조명하는 데 있어 매우 중요한 의미를 지니고 있습니다. (사진: 문화재청)

10. 제주 수산동굴 천연기념물 제467호

제주 서귀포시 성산읍 수산리 3998번지 등

수산동굴은 대형 용암동굴로 전체 면적 457,912㎡, 총길이 약 4,520m이며, 제주특별자치도의 용암동굴 중 빌레못동굴(천연기념물 342)과 만장굴(천연기념물 98)에 이어 국내 세 번째로 긴 동굴이며, 세계적으로는 7번째 규모입니다.

수산동굴의 동굴 내부에는 용암 석순이 많이 발달해 있고, 용암·주석·용암선반·용암종유·용암교·가지굴 등 각종 미지형 및 생성물들이 잘 발달되어 있으며, 석영 포획물(捕獲物)과 여러 화성암으로 구성된 포획암(捕獲岩)들이 다량 산출되어 제주도 화산암의 성분에 대한 좋은 연구자료입니다. 이 외에도 수산동굴에는 특히 길이 2m, 너비 1.5m 크기의 하트 모양으로 응결된 특이한 용암구가 있는데, 용암이 흘러내리는 과정에서 장애물을 만나 형성된 용암구로 추정됩니다. 이 지역의 지층은 신생대 제3·4기에 분출된 유동성이 큰 표선리 현무암층으로 되어 있어 대규모의 용암동굴이 발달될 수 있는 조건으로 특히 제주도에서 제일 처음 분출된 표선표선리 현무암층은 석영과 흑요석을 포획하고 있다는 점에서 가치가 있습니다. (사진: 문화재청)

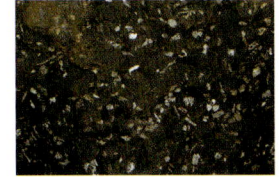

11. 선흘리 뱅뒤굴 천연기념물 제490호
제주 제주시 조천읍 선흘리 365번지 외

뱅뒤굴은 동굴 총 길이가 4,481m이며, 선흘리의 윗밤오름, 우전제비, 거문오름 사이의 용암대지상인 해발고도 300~350m에 자리 잡고 있습니다.

세계적으로 가장 복잡한 미로형 동굴에 속하는 용암동굴로 용암류가 평평한 대지상에서 복잡한 유로를 가지며 연속적으로 흘러 미로형 용암동굴의 생성과정을 밝힐 수 있는 중요한 학술적 가치를 가진 동굴이며, 지표면 가까이 생성되어 동굴 천장과 지표가 매우 얇아 함몰된 입구가 여러 개 있고, 동굴 내부에는 곳곳에 2층, 3층의 동굴구조와 70여 개의 용암석주, 용암석순, 용암교 등과 같은 동굴지형이 잘 발달되어 있어 만장굴 등과 함께 세계자연유산으로 등재된 용암동굴 중 하나입니다.

(사진: 문화재청)

12. 거문오름 용암동굴 계 상류 동굴군   천연기념물 제552호
(웃산전굴, 북오름굴, 대림굴)   제주특별자치도 제주시 구좌읍 덕천리 910

거문오름 용암동굴 계 상류 동굴군은 제주시 구좌읍 덕천리 일대에 발달된 웃산전굴, 북오름굴, 대림동굴을 포함한 것으로, 거문오름 용암동굴 계의 연장 선상에 위치하고 있고 웅장한 규모와 다양한 동굴 생성물, 동굴생태계가 잘 유지되고 있습니다.

상류 동굴군은 전반적으로 북동-남서 방향으로 발달하고 있는데 그 길이는 웃산전굴이 약 2385m, 북오름굴이 약 221m, 대림굴이 약 173m에 달하며, 이 동굴들 안에는 용암교, 용암선반, 동굴산호 같은 여러 종류의 동굴 생성물이 보존되어 있고, 한국농발거미, 제주굴아기거미 등 다양한 동굴생물도 서식하고 있습니다.

(사진: 문화재청)

웃산전굴은 거문오름에서부터 흘러나온 용암으로 만들어진 뱅뒤굴(천연기념물 제490호)과 북오름굴 사이에서 발견되었습니다. 거문오름 용암동굴 계의 완전성을 설명하는데 중요한 역할을 하며, 길이가 약 2385m에 이르는 대형동굴로, 동굴 끝부분이 무너져 막혔지만 북오름굴과 연결되어 있는 것이 확인되었습니다. 내부에는 웅장한 규모의 용암교와 용암선반 등이 발달해 있고, 특히 국내에서는 처음으로 석고로 된 동굴산호가 발견된 곳이기도 합니다.

북오름굴은 약 221m 길이로 통로가 함몰돼 용암교가 발달된 지형들이 잘 나타나 있고, 웃산전굴과도 연결된 것이 확인되었습니다. 북오름굴과 만장굴 사이에 있는 약 173m 길이의 대림굴은 거문오름 용암동굴 계의 연장성을 보여주는데 중요한 의미가 있으며, 동굴 내부에 다양한 동굴 생성물이 발달한 것이 특징입니다.

거문오름 용암동굴 계 상류동굴군의 천연기념물 지정에 따라 비로소 거문오름, 뱅뒤굴, 웃산전굴, 북오름굴, 대림굴, 만장굴, 김녕굴, 용천동굴, 당처물동굴로 이어지는 거문오름 동굴 계는 완전체를 이루게 되었습니다.

(사진: 문화재청)

❶ 북오름굴
❷ 북오름굴
❸ 웃산전굴
❹ 웃산전굴

13. 제주북촌동굴 　제주특별자치도 기념물 제53호

제주 제주시 조천읍 북촌리 294번지

　북촌동굴은 화산 폭발로 분출한 용암이 지표면을 따라 흐를 때 형성된 용암동굴로 1998년에 농지개간 중에 발견 발견되었으며, 총 길이 120m의 동굴 내부에는 용암이 마치 둥근 모양의 공처럼 굳어서 생긴 용암구, 용암이 바닥 면으로부터 솟아올라서 생긴 석순, 동굴 천장에 마치 고드름처럼 매달려있는 종유석 등 다양한 생성물이 형성되어 있습니다.

(사진: 문화재청)

14. 구린굴

제주 한라산 서쪽 중턱에 있는 용암동굴

    구린굴의 형성시기는 7만~8만 년 전으로 추정되며, 길이는 442m. 높이 4~6 m. 너비 3m. 해발 680 m 지점에 있어 한국 용암동굴 중에서 가장 높은 곳에 있는 동굴로 알려져 있습니다.
    '구린굴' 은 특별하게 얼음을 저장하는 석빙고로 활용되었을 것으로 추정되는 내용이 문헌에 남아 있을 뿐만 아니라 구린굴 밖의 주변을 살펴보면 선인들이 남긴 집터와 숯 가마터 흔적도 보입니다.
    관음사 코스를 출발해 1.9㎞ 지점에 있으며, 관음사 관리사무소에서 30분 정도 걸어 올라가면 구린굴 입구를 만날 수 있습니다. 한라산 천연보호구역 관리 차원에서 구린굴 입구와 천정이 함몰된 지점에 위험지대 안내표시가 있으며, 벽면에는 다양한 용암선반과 용암교 등이 있습니다.

동굴 입구 천정

동굴 벽면

동굴 내부

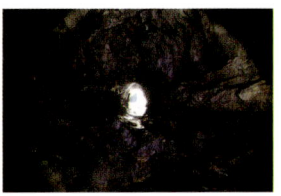
동굴 50m 지점

15. 거문오름 수직굴

거문오름 수직굴은 일반적인 용암동굴이 수평으로 발달하는 것과 대조적으로 항아리 모양을 하고 있는 독특한 동굴로 제주도에서 흔히 볼 수 없는 용암동굴입니다. 동굴의 깊이는 35m이며, 2층 동굴의 천장이 무너지면서 형성되었습니다.

제주자연유산센터 내에 있는 동굴입니다.

수직굴 내부

3장_ 해식동굴(해식애)
Formation of Sea Caves

   해식동굴(해식애)은 파도에 의해 만들어진 동굴로써, 해안으로 밀려오는 파도가 오랜 시간에 걸쳐 해안의 약한 부분을 깎아내면서 동굴이 생기는 것으로 일반적으로 암석의 갈라진 틈이나 약한 부분이 파도에 의해 깎여 들어가므로 파도가 닿은 정도에 따라 깊이가 다르게 형성됩니다. 즉 암석의 약한 부분(절리면, 단층면, 층리면, 암맥 등)을 따라서 화학적인 용식작용보다는 기계적인 침식작용으로 형성되는 동굴입니다.

   지구상의 바닷가에는 화성암, 변성암, 퇴적암이 있는데, 어떤 종류의 암석에서도 만들어지지만 퇴적암에서 더 잘 만들어집니다.

   1. 화성암의 화산암에 발달한 해식동굴은 전라북도 부안 적벽강의 유문암, 제주특별자치도 서귀포시 범섬과 남원 큰엉해안이며, 화성암의 현무암 지대에 발달한 지역은 제주특별자치도 서귀포시 마라도와 범섬 및 소정방폭포 부근의 소정방굴 등입니다.

부안_적벽강

마라도-해식동굴

백령도-두무진

2. 변성암에 속하는 규암층의 해식애(해식절벽)에 여러 개의 해식동굴이 발달해 있어 수려한 해안경관을 이루고 있는 곳은 인천광역시 옹진군 백령도 두무진 해안입니다.

3. 화성암의 심성암에 속하는 화강암류 내에 발달한 경우는 전라남도 여수시 상백도, 인천광역시 옹진군의 굴업도 토끼섬, 경상남도 통영시 소매물도 등대섬 등의 해안입니다.

4. 퇴적암 지대에 발달한 해식동굴은 강원도 강릉시 정동진 해안단구 해안의 사암층, 경상남도 거제도 해금강의 사암층 등이 있습니다. 화산쇄설암인 응회암에 발달한 경우는 전라북도 부안군 채석강과 제주, 우도 소머리오름의 해식애에는 동안경굴을 비롯하여 검멀레굴, 광대코짓굴, 달그리안동굴, 콧구멍동굴 등 여러 개의 해식동굴들이 있습니다.

돌출된 해안의 약한 암석이 침식되어 해식애(동굴)가 형성되고, 깎인 물질은 퇴적되어 파식대(완만하게 경사진 평탄한 암반 면)를 이루며, 계속적인 파랑의 침식작용으로 시아치(독립문바위. 코끼리바위등의 형태), 시스택(촛대바위등의 형태) 등이 형성됩니다.

우리나라에서 해식동굴을 잘 볼 수 있는 대표적인 곳으로는 제주도에 있는 우도와 정방굴, 산방굴, 여수 오동도, 경주 감포용굴, 태안 파도리해수욕장, 마라도, 등이 있습니다.

우도-동안경굴

165

이외에도 삼면이 바다이고 섬이 많은 우리나라에는 수많은 해식동굴이 발달해 있으나, 석회암동굴이나 용암동굴에 비하여 대부분 길이가 짧고 규모도 작으며, 동굴 생성물도 거의 발달하지 않고 있습니다.

해식애(해식절벽, sea cliff)

파도의 침식작용과 풍화작용에 의해 해안에 생긴 절벽으로, 바닷가 지형이 경사가 급하고 침식에 약한 암석으로 되어 있으면 해식 절벽이 잘 만들어집니다.

해수면 부근 암석이 파도에 가장 많이 침식됩니다. 해수면 부근이 어느 정도 깎이고 난 다음, 그 위쪽의 암석이 무게를 못 이겨 무너져 내리면서 해식 절벽이 만들어집니다.

해식애 밑에는 해식애가 후퇴하면서 만들어진 파식대가 발달하는데, 파식대 위에는 기반암의 단단한 부분이 작은 바위섬으로 남는데 이것을 시스텍이라 부릅니다.

파도의 침식 작용이 계속되면 시간이 지나면서 시스텍은 점점 없어지고 해식애는 육지 쪽으로 이동합니다.

제주 우도-해식절벽

파식대(wave-cut shelf)

암석해안에서 해면 아래, 또는 해수면 위에 파식작용이 미치는 범위에 나타나는 침식면으로 바다 쪽으로 완만하게 경사진 평탄한 암반면을 말하는데, 단순히 파식작용만으로 형성되는 것은 아니고 풍화작용이 파식작용을 도와주는 경우가 많습니다. 특히 해수면 위에서 형성되는 경우가 그렇습니다. 바닷가 쪽으로의 경사도는 1~5° 정도이고 그 경사는 조수간만의 차와 밀접한 관계가 있습니다. 등질적인 암석으로 이루어진 해안에서는 표면이 매끄러운 파식대가 형성되고, 국부적인 경연차가 심하게 나타나는 퇴적암이나 변성암의 지역에서는 거친 표면의 파식대가 나타납니다.

파식대는 대부분 밀물일 때는 해수에 잠기고, 썰물일 때는 해수면 위로 올라옵니다. 우리나라 특히 충청남도 태안 반도와 안면도 일부 해안에는 넓은 파식대가 발달해 있습니다. 동해안

고성 상족암-파식대

은 바닷가 지형의 경사가 심해 파식대가 발달하기 어렵습니다.

시스텍(sea stack)

제주 외돌개-시스텍

암석 해안에서 기반암이 육지로부터 분리되어 고립된 촛대와 같이 생긴 바위를 말하는데, 우리나라에서 외돌개, 촛대바위, 등대 바위 등으로 불리는 것은 대부분 이에 해당된다고 할 수 있습니다.

시아치(sea arch)

독립문, 코끼리바위처럼 암석 기저부가 뚫린 모양의 파식지형이 아치형 다리와 비슷하게 생긴 해안침식 지형입니다. 시아치는 파랑 침식작용으로 해식애가 후퇴하는 과정에서 해식동굴의 일부가 관통된 것으로 아치가 무너져 내리면 여러 개의 작은 시스텍(sea stack)을 형성하기도 합니다.

인천 승봉도, 코끼리바위-시아치

해식동굴 지형

해식절벽
시아치
시스텍
파식대

1. 부안 채석강

전라북도 부안군 변산면 격포리

격포항

변산반도 국립공원면적 157㎢. 변산반도 서부의 변산 산괴를 중심으로 1971년 12월에 도립공원으로 지정되었으며, 1988년 6월 11일에 국립공원으로 승격되었습니다.

변산의 경치는 일찍이 한국 8경의 하나로 꼽혀왔으며 내변산(산의 변산)과 외변산(바다의 변산)으로 나누어지는데, 내변산에는 실상사지 등 유적과 울금바위·선계폭포·가마쏘 등 경승지가 있고, 외변산의 경승은 주로 암석해안의 해식애와 모래 해안의 백사청송 등 해안경치로 이루어집니다. 변산면의 격포리 해안에는 채석강과 적벽강의 두 경승이 있습니다.

채석강은 강이 아니라 썰물 때 드러나는 변산반도 서쪽 끝 격포항과 그 오른쪽 닭이봉(200m) 일대의 층암절벽과 바다를 총칭하는 이름입니다.

닭이봉

1. 부안 채석강

변산반도 해안을 대표하는 절경으로 채석강과 적벽강은 강한 파랑에 의해 침식되어 아주 기묘한 형태를 보여줍니다. 특히 닭이봉 한 자락이 오랜 세월 동안 파도에 깎이면서 형성된 퇴적암층이 절경입니다.

채석강은 선캄브리아대의 화강암, 편마암을 기반의 맨 밑층으로 하고 중생대의 백악기(약 7천만 년 전) 지층으로 바닷물에 침식되어 퇴적한 수성암층 절벽이 마치 수만 권의 책을 쌓아 놓은 듯하여 자연의 경이로움을 느끼게 합니다.

❶ 만권의책
❷ 쌍해식동굴
❸ 여러형태의 해식동굴
❹ 파식대

삼각주 로브 퇴적체(삼각주 퇴적층)

이 구조는 하천의 퇴적물이 호수 가까이에 쌓이면서 형성된 것으로 하천수가 호수로 진입하면서 유속이 느려지고 함께 운반되던 퇴적물이 더 이상 이동하지 못하고 호수 바닥에 쌓이게 되는데 이때 퇴적물은 하천수의 이동을 따라 가운데는 두껍게, 양 옆으로는 상대적으로 얇게 퇴적물이 쌓여 마치 렌즈 모양의 형태를 띠게 됩니다.

부안의 채석강과 적벽강의 이름은 중국의 지명에서 유래되었다고 합니다. 이곳이 중국의 채석강과 적벽강을 닮은 곳이기 때문에 붙여진 이름입니다. 중국의 채석강은 당나라 때 시성으로 불렸던 이백의 고사와 관련된 곳으로, 주선(酒仙)으로도 유명했던 이백은 채석강에서 배를 타고 술을 마셨는데, 강물에 뜬 달을 잡으려다 그만 물에 빠져 죽었는데, 그 후 이백은 고래를 타고 하늘로 올라갔다(李白騎鯨飛上天)고 합니다. 이런 이야기가 전해지는 곳이 바로 채석강이고, 적벽강 또한 중국 송나라 시인 소동파가 즐겨 놀았다는 중국의 적벽강과 흡사하다고 해서 붙여진 이름이라고 합니다.

❶ 삼각주 퇴적층
❷ 해식동굴
❸ 해식동굴 내부
❹ 해식절벽
❺ 수직의 단

2. 감포 전촌항 (사룡굴. 단룡굴)

경상북도 경주시 감포읍 장진길 39

감포사룡굴.단룡

경주 감포에 파도와 시간이 만들어낸 자연 조각품이 있습니다. 서해안 해식동굴과는 분위기가 다릅니다.

전촌항에서 주차 후 선착장 왼쪽으로 가면 해변이 나오고 이곳에서 좌측으로 테크길을 따라 이동하다 보면 사룡굴이 나옵니다. 이곳에서 다시 테크길을 따라 가던 방향으로 계속

가면 바닷가를 끼고 우측에 단룡굴이 있습니다.
또 다른 길은 완전히 썰물이 되면 사룡굴을 보고 해변길을 따라 좌측으로 가면 되는데 반드시 물이 완전히 빠졌을 때 가야 됩니다.

사룡굴에는 동서남북의 방위를 지키는 네 마리의 용이 살았고, 단용굴에는 감포마을을 지키는 용이 한 마리 살았다는 이야기가 전합니다.

용이 드나들었을 법한 통로가 보이는 두 해식동굴은 감포읍의 스토리텔링 걷기 길인 '감포깍지길' 제1, 8구간 코스의 경유지이고, 동해안 트레킹코스 '해파랑길' 11구간을 걷다 보면 만날 수 있는 경관 포인트이기도 합니다.

최근까지 군사작전 지역으로 일반에 공개되지 않았던 곳인데, 해파랑길이 조성되기 시작하면서 해안가를 따라목재 데크 산책로가 조성되어 용굴(사룡굴)에도 어렵지 않게 갈 수 있게 되었습니다.

❶ 위에서 본 사룡굴
❷ 썰물이 되면서 보이는 사룡굴
❸ 사룡굴 외부
❹ 사룡굴 외부
❺ 사룡굴 외부
❻ 사룡굴 내부
❼ 사룡굴 내부
❽ 단룡굴 외부
❾ 단룡굴 내부

경주 양남 주상절리군 천연기념물 제536호

경상북도 경주시 양남면 양남항구길 14-3

누워있는 주상절리

일반적으로 주상절리는 주로 화산암 지대에서 발견할 수 있는 위로 솟은 모양의 육각형 돌기둥을 말하는데, 이곳 양남 주상절리군에서는 위로 솟은 주상절리뿐만 아니라, 부채꼴 주상절리, 기울어진 주상절리, 누워있는 주상절리 등 다양한 형태의 주상절리를 관찰할 수 있습니다.

그 중에서도 압권은 펴진 부채 모양과 같이 둥글게 펼쳐진 부채꼴 주상절리로써, 세계적으로도 유례를 찾기 어려운 아주 희귀한 형태입니다.

부채꼴 주상절리

당일 여행 일정 으로는 전촌항-사룡굴-문무대왕릉(5km)-양남주상절리 (12km)

북위 33° 06′31″, 동경 126° 16′10″에 위치하며, 동서의 길이가 500m, 남북은 1.3km 남북이 긴 모습을 하고 총 면적 0.30㎢인 유인도로써 모슬포항에서는 11km, 가파도에서는 5.5km 떨어져서 우리나라 최남단에 있습니다.

3. 마라도   천연기념물 제423호

제주 서귀포시 대정읍 가파리 580

마라도의 출발지점은 두 곳입니다. 송악산에서 출발하는 배편과 모슬포에서 출발하는 배편. '마라도 가는 여객선', '마라도 정기 여객선'으로 나뉘어 있습니다.

마라도 등대

마라도 선착장은 자리덕 선착장과 살레덕 선착장. 두 곳으로 자리덕 선착장에서 살레덕 선착장까지의 거리는 도보로 10분 정도이며, 마라도는 도보로 약 1시간이면 충분히 돌아볼 수 있는 작은 섬이기에 해식동굴 여행은 동·서 어느 쪽에서 시작해도 좋습니다.

국토 최남단 비

❶ 마라도
❷ 안내도
❸ 선착장 해식동굴
❹ 고빼기쌍굴
❺ 살레덕 선착장 해식동굴
❻ 자리덕 선착장 해식동굴
❼ 해식동굴 내부
❽ 대문바위

마라도는 기반암이 현무암질 암석이며 절리가 잘 발달하여 있습니다.

섬의 돌출부를 제외한 전 해안은 암석으로 이루어져 있고, 섬의

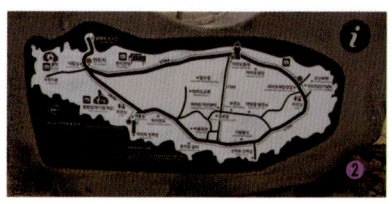

모든 해안은 새까만 용암석으로 이루어져 있는데, 동쪽 해안과 북서쪽 해안 및 남쪽 해안은 높이 20m 정도의 절벽으로 되어 있습니다. 나무가 거의 없고 대부분 초지로 조성되어 있는 마라도에 수많은 해식동굴이 있습니다. 선착장에 도착할 즈음 해식동굴이 보이기 시작합니다.

마라도는 전체적으로 평탄한 지형을 이루고 있어 태풍 등으로 파도가 거세게 치는 날이면 섬을 온통 덮어버릴 것 같은 느낌도 있습니다.

마라도의 할망당

마라도 선착장에서 내려 좌측으로 조금 가면 마라도의 수호신인 할망당이 있는데, 이곳은 마라도의 대표적인 민속문화 유적입니다. 할망당(애기업개당)은 해녀들이 바다에서 고된 물질을 할 때마다 안전하게 보살펴주는 신으로 믿었으며 지금도 정성껏 모시고 있습니다. 할망당은 마라도 주민들의 일상사에 일일이 관여한다고 믿는 초자연적인 마을의 수호신입니다.

❶ 할망당
❷ 수많은 해식동굴
❸ 코끼리바위
❹ 기암괴석

4. 제주도 우도

제주시 우도면 삼양 고수 물길 1

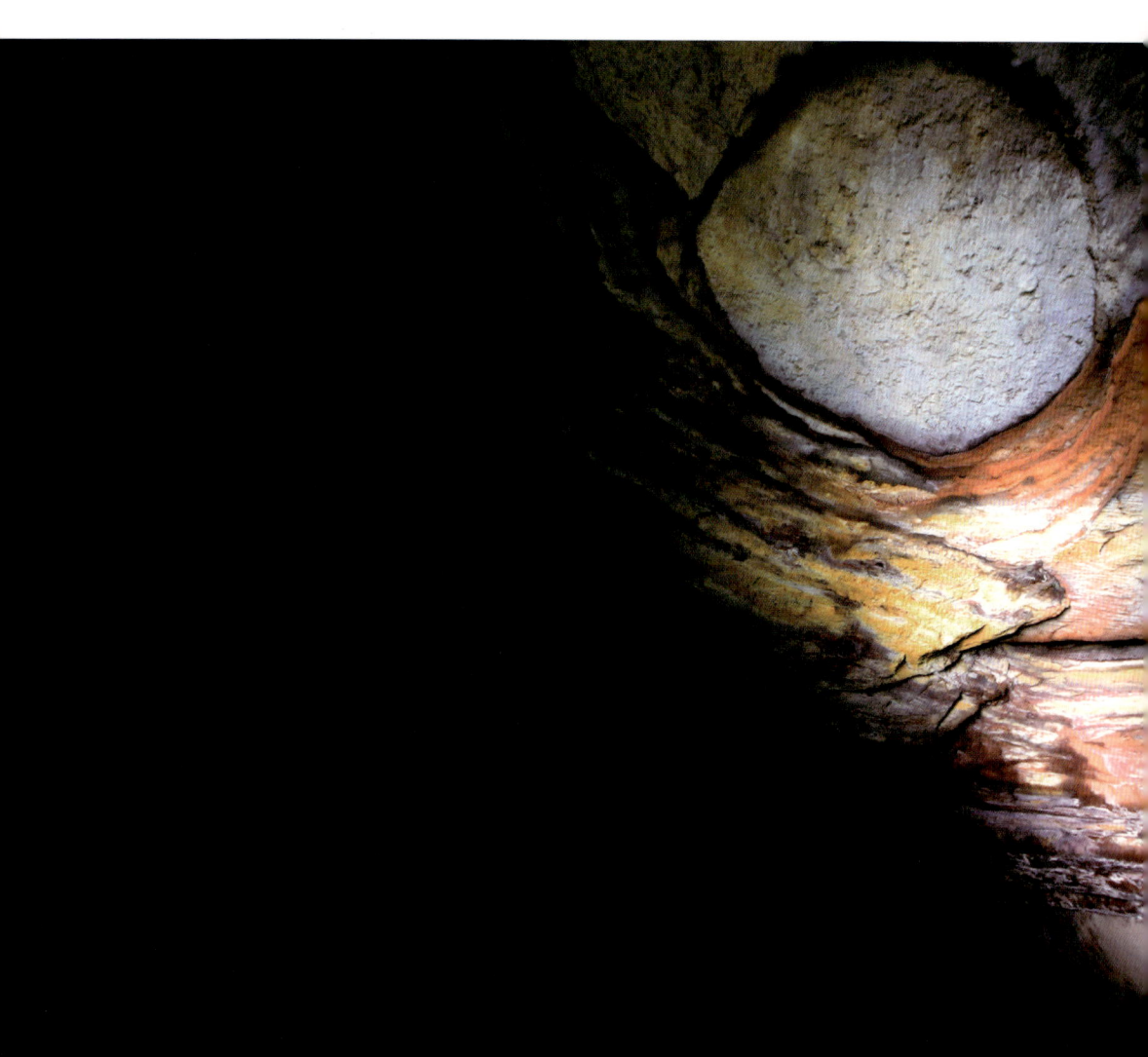

우도는 신생대 제4기 홍적세(약200만 년~1만 1천여 년 전)동안에 화산활동의 결과로 이루어진 화산섬입니다. 소가 누워있는 모양을 닮았다고 해서 일찍부터 소섬 또는 쉐섬으로 불렸고, 완만한 경사와 옥토, 풍부한 어장, 우도 팔경 등 천혜의 자연조건을 갖춘 관광지로써 제주의 대표적인 부속 섬입니다. 성산항과 종달항에서 우도로 가는 배를 탈 수 있는데 어디서 출발하든 15분 정도 소요되며, 섬의 길이는 3.8km, 둘레는 17km.입니다.

주요 관광지로는 검멀레해변이나 우도봉, 홍조단괴 해변, 하고수동 해변, 우도등대, 동안경굴 등이 있습니다.

검멀레해변

검멀레해변

검멀레 해수욕장은 우도봉 아래에 있는 해변으로 검멀레의 '검'은 '검다', '멀레'는 '모래'라는 뜻으로, 검은 모래해변을 뜻합니다. 해변 끝에는 고래가 살았다는 전설이 전해지는 해식(동안경굴)동굴이 있습니다.

동안경굴(콧구멍동굴) 동굴입구가 바닷물 속에 위치하고 있으며, 수중구간과 동굴내부는 모두 화산쇄설물(화산의 폭발에 의하여 방출된 크고 작은 암편)로 이루어진 응회암으로 되어 있어 이 동굴들이 해식동굴이며 이중 동굴로 되어 있고 길이는 약 100m에 이르고, 동굴의 주 통로가 직선 방향이 아닌 것은 형성과정이 복잡했다는 것을 의미합니다.

동안경굴 외부

동굴 내부에는 모두 단백석(Opal, $SiO_2 \cdot nH_2O$)으로 이루어진 규산질 동굴산호, 규산질 종유석, 규산질 유석 등 2차 규산질 동굴 생성물들이 발달하고 있어 특징적이며, 이들은 해식동굴이 생성된 이후, 절리면을 따라 동굴 속으로 유입된 지하수에 의하여 생성된 것으로 보입니다.

동안경굴 입구

후해 석벽

'후해 석벽'은 우도봉 뒤편의 절벽으로 우도봉 동쪽에서 남쪽에 걸쳐있는 웅장한 절벽을 표현한 것입니다. 우도 8경 중 하나이며 우도의 멋진 경치를 자랑하는 곳으로 남쪽 절벽은 보트를 타고 바다로 나가야 볼 수 있습니다.

높이 20여m, 폭 30여m의 쇠머리오름은 기암절벽으로 가지런하게 단층을 이루고 있는 석벽이 직각으로 절벽을 이루고 있습니다.

후해석벽

주간명월

　쇠머리오름 남측 기슭 해식동굴 중 하나인 이 동굴은 한낮에 달이 뜨는데, 오전 10시에서 11시경 동굴 안에 쏟아지는 햇빛이 천장의 동그란 무늬와 합쳐지면서 아름다운 달 모양을 만들어 냅니다. 이런 현상에 대하여 사람들은 '달그리안'이라고 칭하기도 합니다.

　후해 석벽과 마찬가지로 배를 타고 들어가야만 보실 수 있습니다.

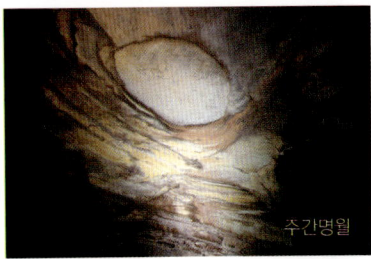
주간명월

전포망도

　제주도 본섬과 우도 사이 배에서 바라보는 우도의 경관을 말하는데 남북으로 길게 뻗어있는 섬 모양이 물 위에 소가 누워있는 형상과 비슷하다 하여 지어진 이름입니다.

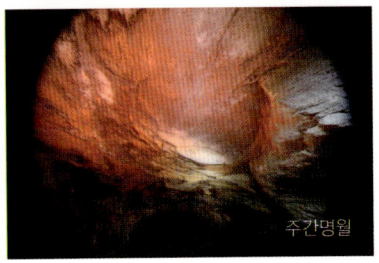
주간명월

전포망도

4. 제주도 우도　183

5. 태안 삼봉해수욕장 (갱지동굴)

충남 태안군 안면읍 창기리

　삼봉해수욕장은 태안군 남면과 안면읍을 연결하는 연육교 남쪽 3km 거리에 있으며 백사장 면적은 114ha, 길이는 3.8㎞, 폭은 300m, 평균수심은 1.5m, 경사는 6°, 안정수면 거리는 200m로 백사장이 넓고 모래가 고우며 경사가 완만합니다.

❶ 눈 내린 삼봉해수욕장
❷ 해변
❸ 썰물인 해수욕장
❹ 갱지동굴

높이 22m, 길이 20m, 폭 18m로 튀어나온 삼봉괴암과 해당화로 유명하고, 썰물 때면 넓은 모래사장에서 조개, 고둥, 게, 말미잘 등을 잡거나 해산물을 채취할 수 있습니다.

해수욕장 입구에 도착하면 안전하게 주차하시고, 나무데크에서 오른쪽으로 2~3분 돌아가면 우뚝 솟은 바위산이 있는데 그곳에 갱지동굴이 있습니다. 두 곳이 있는데 한 곳은 옆으로 깊게 들어갔고, 다른 한 곳은 20m쯤 우측으로 돌아가면 있습니다. 이곳이 사진 찍는 명소로 알려져 있습니다. (멀리 다른 섬이 보이기도 합니다)

❶ 동굴 내부   ❹ 동굴 외부
❷ 동굴 외부   ❺ 동굴 천정
❸ 조개 잡는 어민   ❻ 동굴 내부

6. 충남 보령 삽시도

충남 보령시 오천면

화살이 꽂힌 활을 닮은 태고의 신비를 간직한 삽시도.

면적 3.78㎢, 인구 491명(2001)이며, 태안반도의 안면도로부터 남쪽으로 약 6km, 보령시에서 서쪽으로 13.2km 떨어져 있습니다. 마한시대부터 사람이 살던 섬으로, 지형이 마치 화살이 꽂힌 활과 같다고 하여 삽시도라는 이름이 붙었다고 합니다.

대천항 여객터미널에서 "가자 섬으로" 라는 배를 타고 30분 정도 가면 삽시도에 도착합니다.
충남에서 3번째로 큰 섬으로 태고의 신비를 간직한 자연환경을 자랑하는데 멋진 바위 해안과 널찍한 모래밭 해변이 있어서 여름이면 피서객들의 발길이 끊이지 않는다고 합니다. 특히 삽시도 주민들이 자랑으로 여기는 보물 '면삽지'와 바다를 마주 보고 언덕 기슭에 서있는 '황금곰솔'도 빼놓을 수 없는 풍경입니다.

면삽지는 하루 2번 간조 때 삽시도에서 떨어져 면(免)한다고 합니다. 해수면이 하강하여 최저의 위치에 왔을 때를 간조라하며 썰물 때를 뜻합니다. 밀물 때는 바닷물 속에 잠겨있다가 썰물이 되면 시원한 생수가 나온다는 '물망터', 솔방울을 맺지 못하는 외로운 소나무 '황금곰솔'을 둘러볼 수 있는 트레킹 하기 좋은 둘레길입니다.

❶ 거멀너머해변   ❺ 해식동굴 입구
❷ 진너머해수욕장 ❻ 해식동굴 외부
❸ 이정표   ❼ 해식동굴 내부
❹ 면삽지

진너머 해수욕장에 있는 면삽지

이곳은 둘레길을 따라가면 되는 곳입니다. 조금 힘든 트레킹이 될 수 있습니다.

물이 빠지면 삽시도와 연결되고 물이 들어오면 섬이 되는 곳인데, 서해에서 일출과 일몰을 볼 수 있는 곳입니다.

면삽지에는 커다란 해식동굴이 있습니다. 인생 최고의 사진이 한 장 나올 수 있는 곳입니다. 그곳에서 정면에 있는 해안가에도 자그마한 해식동굴들이 분포되어 있습니다.

❶ 해식절벽
❷ 해식동굴 천장
❸ 여러 형태의 해식동굴
❹ 우측에 있는 해식동굴

차량을 가지고 들어가도 되는데 마을버스가 운행됩니다. 선착장은 두 곳으로 썰물 때와 밀물 때 배가 정박하는 곳이 다르기 때문에 내릴 때 꼭 확인해야 됩니다. 섬 전체에 민박이나, 펜션은 상당히 많이 있습니다.

선착장 → 면삽지 → 소나무길 → 황금 곰솔 → 밤섬해수욕장

7. 서산 황금산 해식동굴, 코끼리바위

충청남도 서산시 대산읍 독곶리

7. 서산 황금산 해식동굴, 코끼리바위

❶ 남근목
❷ 황금산 정상
❸ 임경업장군 사당
❹ 해식절벽
❺ 해식창문과 굴금 (해식동굴)
❻ 안내판
❼ 해식동굴(굴금)

서산 황금산은 서산 9경 중 제7경으로, 원래 이름은 '항금산'으로 산이 있는 전체 구역을 총칭하여 '항금'이라 했다고 합니다.

1912~1919년 사이에 조선총독부가 제작한 조선지형도와 1926년 발간된 서산군지에 황금산이라 표기돼 있고 실제로 금이 발견되면서 황금산이 되었다고 합니다.

황금산 서쪽은 해식절벽으로 바다와 접해 있으며 2개의 해식동굴(굴금, 끝굴)은 옛부터 금을 캐던 곳으로 전해지고 있습니다.

해발 약 152m의 낮은 산이지만 산등성이를 넘으면 아름다운 해안절벽과 해식동굴, 코끼리바위(시아치), 몽돌해변 등을 감상할 수 있습니다.

황금산 정상에 있는 황금산사는 산신령과 임경업 장군의 초상화를 모셔 놓고 풍어제, 기우제 등을 지내던 곳으로 터만 남아있던 것을 1996년 복원하였다고 합니다.

황금산 일대에는 선캄브리아기 서산층군 이북리층의 규암이 분포하는데, 굴금의 암석해안에서도 수평층리, 사엽층리 등이 발달한 이북리층 규암을 관찰할 수 있으며, 해식절벽, 해식동굴 등의 해

안침식지형과 이북리층 규암으로 이루어진 몽돌해변이 발달되어 있습니다.

코끼리바위

황금산의 코끼리바위는 마치 코끼리와 같은 형상을 하고 있다고 해서 붙여진 이름으로, 이는 해안침식작용에 의해 형성된 시아치(Sea Arch)입니다. 그 외에도 코끼리바위 주변에는 육지로부터 분리된 작은 바위섬, 즉 해식지형인 시스택(Sea Stack)과 해식절벽, 이북리층 규암으로 이루어진 몽돌해변이 발달되어 있습니다.

❶ 몽돌해변
❷ 코끼리바위 (시아치)
❸ 코끼리바위 옆의 (시스텍)
❹ 시아치
❺ 자연산 굴밭

8. 보령 장고도 (명장섬)

충남 보령시 오천면

면적 1.5㎢, 작은 섬으로 섬의 모양이 장구처럼 생겼다 하여 장구섬, 장고섬, 외장고도 등으로 불리다가, 1910년부터 장고도로 표기하기 시작했습니다. 섬의 북서쪽은 암석해안이 발달했고, 백사장과 소나무가 기암괴석과 조화를 이루어 고대도와 더불어 태안해안국립공원의 일부를 이루고 있습니다.

대천연안여객터미널에서 출항
대천항에서 1시간 거리인 장고도는 주민들은 주로 어업(양식)에 종사하고 있으며 전복과 해

명장섬

삼 등 특산물과 멸치, 까나리, 실치 등 수산자원이 풍부한 청정해역입니다.

숙박은 주로 민박을 이용되며, 자녀들의 현장학습과 체험관광을 겸한 가족들의 여행지로 더없이 좋은 곳입니다. 장고도의 자랑이었던 코끼리바위는 태풍으로 소실되었습니다.

❶ 소실된 코끼리바위
 (시아치)
❷ 명장섬 해수욕장
❸ 우측에 있는 섬이
 해식동굴(용굴)
❹ 시스텍(용난바위)과
 명장섬

　마을 뒤편에 있는 당 너머 해변과 명장섬 해변은 주변이 조용하고 알맞은 수심, 고운 모래질을 보유하고 있으며, 해변의 물이 빠지면 명장섬까지 신비의 바닷길이 열려 세 곳의 해식동굴과 용난바위를 볼 수 있습니다. 이곳을 용굴바위라고 하는데 바다의 이무기가 용이 되려고 이곳 해변을 기어 나오는데 바위가 가로막아 뚫고 가버린 구멍이라고 하며, 구멍을 통해 보이는 명장섬에 솟은 용난바위는 이무기가 백 년 수도해 결국 용이 되어 날아올랐다는 구전이 내려오고 있습니다.

 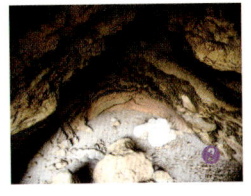 

또한 대머리선착장에서 해안길을 지나 소나무 숲길 구간을 걸어볼 수 있는 해안경관산책로가 으뜸이고, 명장섬 너머로 떨어지는 일몰은 서해안 어느 곳에서도 볼 수 없는 장관을 연출합니다.

장고도가 자랑하는 문화 전통으로 200년 전부터 내려오는 '등바루놀이'가 있는데, 매년 음력 4월 해당화가 만발하는 계절이 되면 마을 처녀들이 놀이 하루 전날 바닷가에 둥근 돌담(등바루)을 쌓고 돌담 안으로 드나들 수 있도록 바다 쪽을 향해 입구를 내는 것으로 시작합니다.

놀이 날이 되면 처녀들이 두 편으로 나뉘어 굴, 홍합 등의 어물채취 경합을 벌이고 점심때는 이긴 편과 진 편을 가린 후 돌담 안에서 한복을 차려입고 둥글게 둘러앉아 점심식사를 하며, 노래와 춤도 추는 일종의 성년식 놀이입니다.

❶ 해식(용굴)동굴
❷ 동굴 내부
❸ 등바루놀이
❹ 선착장에서 만난 해식동굴
❺ 파식대와 해식동굴
❻ 해식동굴 내부에서 본 시스텍
❼ 해식동굴 내부
❽ 용굴 내부
❾ 선착장에서 만난 해식동굴

8. 보령 장고도 (명장섬) **199**

9. 인천 장봉도(쌍해식동굴)

인천 옹진군 북도면

　인천광역시 옹진군 북도면 장봉리에 위치한 장봉도입니다. 우선 영종도에 있는 삼목항에서 출항하는 배를 타고 신도를 거쳐 장봉도로 들어갑니다.

　면적 7㎢, 해안선 길이 22.5㎞이며, 인천에서 서쪽으로 21km, 강화도에서 남쪽으로 6.3km 해상에 위치합니다.

　섬은 북쪽을 향하여 느리게 만곡을 이루며, 해안 곳곳에 돌출한 암석과 해식애가 발달하여 절경을 이루는 곳이 많습니다. 섬의 형태가 길고 산봉우리가 많아 장봉도라 불립니다. 장봉도에는 띠뱃놀이가 민속놀이로 전해져 오며 노랑부리백로 및 괭이갈매기 번식지가 천연기념물 제360호로 지정되어 있습니다.

　쌍해식동굴 가는 방법을 주민들에게 물어보면 잘 모르는 경우가 많아서 배에서 하선 후 북도면 장봉출장소를 찾은 다음, 그곳에서 좌측에 있는 도로를 따라 100m쯤 가면 좌측에 농로가 있습니다. 그 길을 따라 끝까지 간 후 주차하고 조금 내려가면 바닷가가 나옵니다. 그곳에

❶ 장봉도 선착장
❷ 삼목항
❸ 인어상
❹ 괭이갈매기
❺ 시스택과 해안절벽
❻ 농로
❼ 해안가 진입도로

서 좌측으로 가면 쌍해식동굴을 만날 수 있습니다.

쌍해식동굴

깍아지른 해식절벽 안에 두 개의 형상을 한 동굴이 있습니다.

동굴 깊이는 대략 15~20m 정도이며 높이는 2~3m 정도 되는 해식동굴로 가느다란 시아치를 사이에 두고 각각 다른 형상을 하고 있는데, 하나는 공룡 모양을 하고 있고, 다른하나는 타원형 모양을 하고 있습니다.

이 쌍해식동굴 밖에는 잘 발달된 파식대와 시스택을 보실 수 있으며, 선착장 부근에는 여러 형태의 해식동굴들과 해식절벽, 파식대를 볼 수 있습니다.

❶ 쌍해식동굴 외부
❷ 해식동굴 앞 시스택
❸ 해식절벽과 파식대
❹ 시스택과 해안절벽
❺ 공룡모양
❻ 타원형 모양
❼ 쌍해식동굴 내부
❽ 기암 형태의 암석
❾ 선착장 부근에 있는 여러 형태의 해식동굴

10. 태안 용난굴

충남 태안군 이원면 내리

용난굴

옛날에 용이 나와 승천한 곳이라 하여 용난굴이라 전해 오고 있습니다. 동굴 속으로 18m 정도 들어가면 두 개의 굴로 나누어져 있습니다.

이원면 내리→의항초교→용난굴→구름포해수욕장 중막골 해변에서 200m 정도 가시면 우측에 있습니다.

두 마리의 용이 굴에 각각 자리를 잡고 하늘로 오르기 위해 도를 닦았는데 그중 한 마리가 먼저 굴속에 발과 꼬리 비늘을 남기고 하늘로 승천하였고, 남아있던 용은 승천 길이 막혀 굴속에서 몸부림치다가 동굴 벽에다 핏물 자국을 남기고, 동굴 앞에서 망부석이 되어 용굴을 지키고 있다고 합니다.

❶ 용난굴 내부　❹ 동굴내부 암석
❷ 해식절벽　　❺ 핏물자국
❸ 망부석　　　❻ 시스택

206　3장_ 해식동굴(해식애)　Formation of Sea Caves

    용난굴 좌측 바닷가에는 여러 가지 형상들을 한 바위(돌)가 있습니다. 자세히 들여다보면 또 다른 재미있는 볼거리가 됩니다. 바위의 제목(이름)은 보시는 분들의 상상에…

    또 다른 볼거리는 해와송으로 수령 약 100년 정도 된 소나무입니다.(누워서 크는 소나무)

❶ 개,기린,원숭이바위
❷ 곰바위
❸ 뱀또아리바위
❹ 손바닥바위
❺ 발가락바위
❻ 해와송

10. 태안 용난굴   207

11. 제주 소정방 해식동굴 (소정방폭포)

제주도 서귀포시 동홍동

소정방폭포 근처에 있고, 해식동굴의 하부를 구성하고 있는 암석은 현무암질 조면안산암이라고 합니다.
해수의 지속적인 침식작용으로 인하여 해식동굴이 생성되었고, 해식동굴에서 소정방폭포까지 용암류의 수평절리가 20~30cm 두께로 발달되어 있습니다.

소정방폭포는 정방폭포에서 동쪽으로 약 300m 떨어진 해안에 있으며, 폭포 높이는 7m 내외이며, 정방폭포처럼 물이 바다로 곧바로 떨어지는 폭포로, 용암 분출 시 발달한 수직절리로 물이 떨어지면서 폭포가 형성된 것입니다.

❶ 소정방폭포의 낙석
❷ 이승만 대통령 별장
❸ 소정방폭포
❹ 이승만대통령 별장에서 본 해식동굴
❺ 해식절벽

11. 제주 소정방 해식동굴 (소정방폭포)　209

12. 제주 비양도

제주특별자치도 제주시 한림읍 협재리

비양도

12. 제주 비양도

비양도

비양도는 면적 0.5㎢, 동서 길이는 1.02km, 남북 길이는 1.13km이며, 조선시대 초기 죽순이 많이 생산되어 죽도라고 했으며 기생화산입니다.
비양도는 1002년에 화산활동이 있었다는 기록(신증동국여지승람)이 남아있는 섬으로 문헌자료에 화산활동에 관련되어 기록된 사례는 국내에서 비양도가 유일합니다.
한림항에서 북서쪽으로 5km, 협재리에서 북쪽으로 3km 해상에 있으며, 한림읍 한림항에서 배편이 운항되며 운항시간은 약 15분이 소요됩니다.

　　형태는 전체적으로 타원형이며, 서북~남서 방향의 아치형 능선을 중심으로 동북 사면이 남서사면보다 가파른 경사를 이루고 있고, 섬 중앙에는 높이 114m의 비양봉과 2개의 분화구가 있습니다. 해안가에는 '애기 업은 돌'이라고도 하는 부아석(負兒石)과 베개용암 등의 기암괴석들이 형성되었으며, 오름 동남쪽 기슭에는 '펄낭못'이라 불리는 염습지가 있습니다.
　　북쪽의 분화구 주변에 한국에서는 유일하게 비양나무(쐐기풀과의 낙엽관목) 군락이 형성되어 1995년 8월 26일 제주기념물 제48호인 비양도의 비양나무 자생지로 지정되었고, 우리나라 유일의 비양나무 자생지로 보호되고 있습니다.
　　고려시대 중국에서 한 오름이 날아와 비양도가 되었다고 전해지는 전설은 다음과 같습니다.
　　먼 옛날 제주의 서북방향인 중국 쪽에서 산봉우리 하나가 제주를 향해 날아오는데, 굉음과 함께 한림 앞바다까지 왔을 때 소리에 놀라 밖에 나온 한 부인이 "거기 멈추어라(혹은 산이 날아온다"고 소리치자 봉우리는 더 이상 날아오지 못하고 지금의 위치에 떨어져 섬이 되었다고 합니다.

호니토(애기없은돌) 천연기념물 제439호

비양도 북쪽 해안가에 위치한 굴뚝모양의 암석입니다.

호니토(Homito)란 지하에서 이동하던 용암이 화산가스와 함께 땅 위로 분출되어 쌓여 굳어진 것으로 용암에 포함된 가스는 날아가고 속이 비어있는 것을 말하며, 국내에서 호니토를 볼 수 있는 유일한 곳이기도 합니다.

주변의 작은 호니토들도 굴뚝처럼 속이 비어있는 것을 볼 수 있으며 가장 큰 것은 높이 약 3m 정도입니다.

코끼리바위(시아치)

큰 가지바위와 작은 가지바위가 있는데 두 바위는 가마우지와 갈매기 등 물새들의 배설물로 뒤덮여서 표면이 하얗게 보입니다. 썰물 때면 가까이갈 수 있고, 만조 때의 큰 가지바위는 코끼리 코가 물에 잠겨 있는 형상입니다. 그래서 일명 '코끼리바위'라고도 합니다.

펄랑못

비양도의 심장인 펄랑못은 용암이 만든 대지 위에 생긴 염습지입니다.

이곳에는 환경부에서 멸종위기 야생생물 Ⅱ급으로 지정한 황근나무(아욱과로 노란색 무궁화로 불림)를 비롯해 다른 지역에서 보기 힘든 251종의 식물이 서식하고 있습니다.

❶ 호니토
❷ 코끼리바위(시아치)
❸ 가마우지
❹ 펄랑못
❺ 화산탄

13. 고성 상족암

천연기념물 제411호

고성상족암

1983년 11월 10일에 군립공원으로 지정되었으며, 5,106㎢에 이르는 면적의 상족암 바닷가에는 너비 24㎝, 길이 32㎝의 작은 물웅덩이 250여 개가 연이어 있습니다. 1982년에 발견된 이 웅덩이는 공룡 발자국으로 1999년 천연기념물 제411호로 지정되었습니다.

전라북도 부안에 있는 채석강과 마찬가지로 해식절벽과 해식동굴, 그리고 파식대 같은 다양한 해안지형을 볼 수 있는데 상족암은 구멍이 뚫린 아치형 바위가 상(床)다리처럼 보인다고 해서 지어진 이름입니다. (밥상(床)을 의미하는 한자입니다.)

퇴적암으로 이루어진 지층이 파도에 의해 침식되어 해식절벽이 만들어지고 남은 부분이 코끼리바위(시아치) 입니다. 또한 이곳에는 해식동굴 안과 밖에 수많은 공룡발자국과 연흔 등의 퇴적구조가 나타나며, 파도의 작용에 의해 아래로 움푹 파인 돌개구멍들이 있는데 '선녀탕'이라는 전설을 가진 맑고 깨끗하며 제법 큰 웅덩이도 있습니다.

해식동굴 외부

해식동굴 내부

이곳은 중생대에 거대한 호숫가였으며 일본처럼 폭렬식 화산과 칼데라가 발달했던 지형으로 호숫가에 퇴적된 지층들이 신생대를 거치면서 경동성 요곡 운동으로 융기한 지역입니다. 한반도 전체가 서쪽보다 동쪽이 높아지는 과정에서 이 지역도 수면위로 솟아오르게 되었고, 침식을 거쳐 지금과 같은 지형이 생성되었다고 합니다.

층리

퇴적암으로 이루어진 지층이 만들어질 때, 종류, 크기, 모양, 색깔 등이 다른 퇴적물들이 차곡차곡 쌓임으로 인하여 발달하게 되는 나란한 줄무늬를 층리라고 합니다. 이것은 퇴적암만이 갖는 대표적인 특징입니다. 이 지역에서는 점토질인 흑색의 세일층과 밝은 색의 사암층이 교대로 반복되면서 이러한 층리가 발달합니다.

연흔구조

물결자국의 연흔구조는 흐르는 물이나 파도에 의해 퇴적물이 쌓이면서 지층의 표면에 만들어지는 물결모양의 구조입니다.

이곳에 나타나는 연흔들은 주로 파도에 의해 생성된 것입니다.

공란구조

퇴적물이 쌓인 후 암석으로 굳어지기 전에 공룡이 계속해서 밟으면 물을 머금은 퇴적층이 울퉁불퉁한 표면구조를 갖게 되는데 이것을 공란구조라고 합니다.

암맥

지하 깊은 곳에서 만들어진 마그마가 원래 있던 암석을 뚫고 올라온 후 식어서 암석으로 굳어진 것입니다.

병풍바위 주상절리

해식동굴

병풍바위 주상절리

공룡발자국이 발견되는 암석은 모두 퇴적암이지만 지하에서 만들어진 마그마가 지하에서 굳거나 또는 지표면으로 용암을 분출하여 굳은 암석을 화성암이라 합니다.

이 화성암 중에서 지표로 용암이 분출되어 암석으로 변한 것을 화산암이라 하며, 용암이 빠르게 식으면서 고체인 암석으로 변할 때는 부피가 줄어들기 때문에 갈라지는 틈이 생겨 마치 돌기둥을 세워놓은 것 같은 모양을 하는 것이 주상절리입니다.

돌기둥은 그 단면이 4각~6각형을 으로 이루어집니다. 저 멀리 보이는 주상절리는 병풍을 세워놓은 것 같다 하여 병풍바위라 부르며 그 옆의 마을은 돌기둥이 서있다는 의미로 '입암'(立岩) 마을 이라합니다.

건열

물속에 쌓인 퇴적물이 공기로 노출되어 퇴적물 내에 들어있던 수분이 증발되는 과정에서 퇴적물이 수축되면서 나타나는 균열 현상입니다. 건열구조가 나타나는 퇴적층은 얕은 물속에서 퇴적된 후에 대기에 노출되었다는 것을 보여주는 것입니다. 이러한 퇴적물의 수축에 의한 균열현상은 모래나 자갈처럼 점성이 없는 퇴적물에서는 만들어지지 않으며, 점토질처럼 점성이 강한 진흙 퇴적층에 잘 나타납니다.

건열

초식공룡 조각류 발자국

여러 마리의 초식공룡 조각류가 나란히 걸어가면서 만든 발자국으로 발자국의 길이는 약30cm로 작은 편이며, 발자국 여러 개가 한꺼번에 나타나는 것은 공룡들이 함께 이동했다는 것을 보여주는 것입니다.

초식공룡 조각류 발자국

초식공룡인 용각류 발자국

네 발로 걸어가는 중간 크기의 용각류 공룡발자국 보행렬입니다. 용각류의 보행렬 지층이 단층에 의해 잘렸음을 알 수 있습니다.

초식공룡 용각류 발자국

14. 사천 남일대 해수욕장 코끼리바위

남일대해수욕장

경상남도 사천시 향촌동

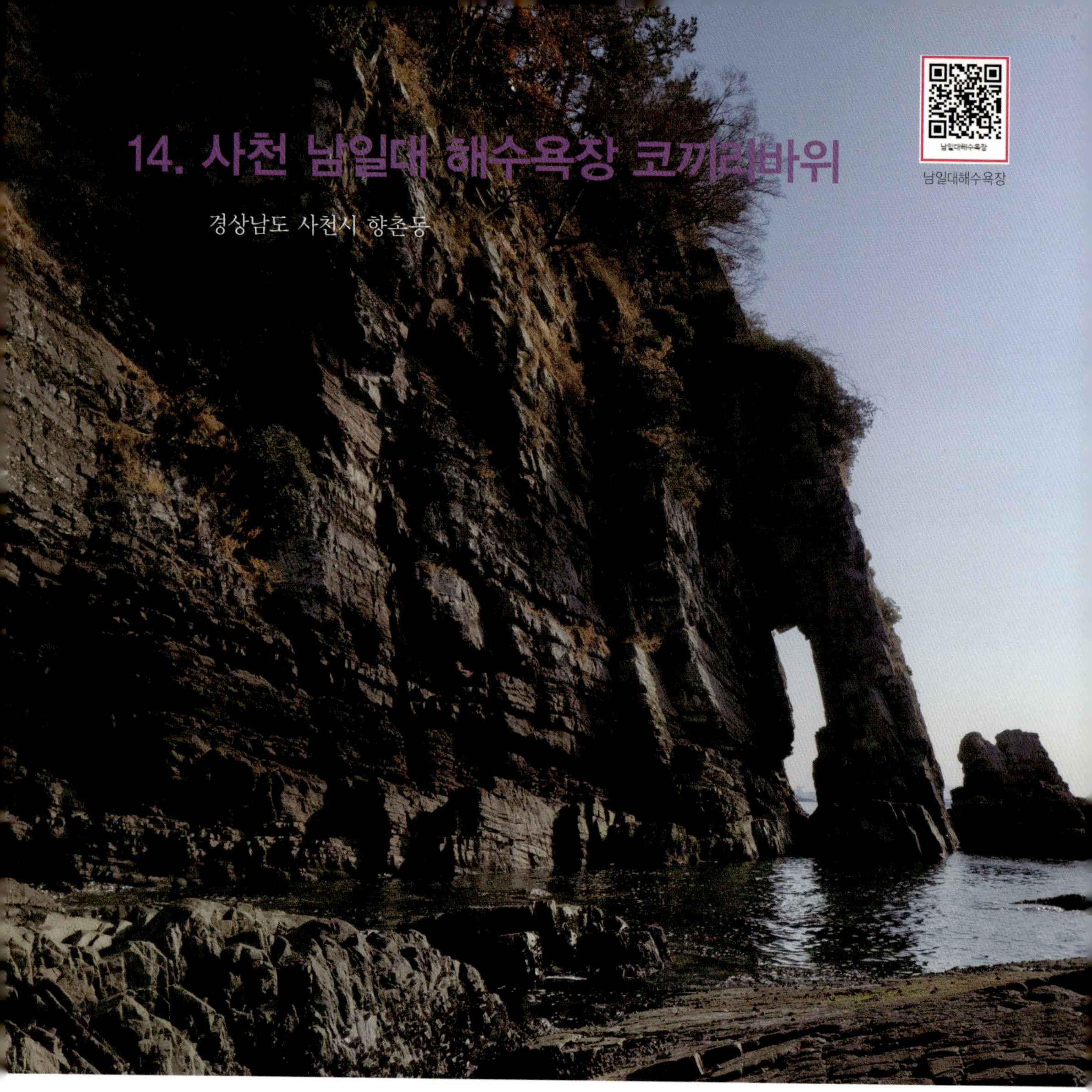

나무데크

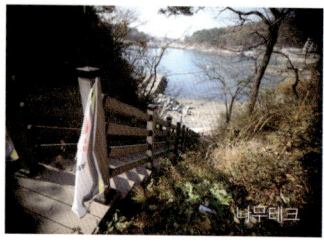

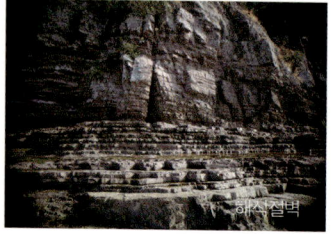

해식절벽

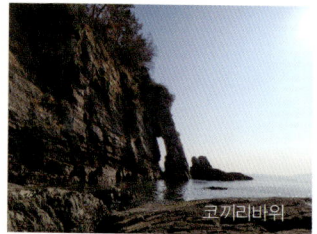

코끼리바위

마을길

사천 삼천포항에서 동쪽으로 3.5km 떨어진 남일대해수욕장의 동쪽 해변 끝자락에 있습니다.
코끼리가 코로 바닷물을 들이키고 있는 형상을 띠고 있어 코끼리바위라 하는데, 파랑의 침식작용에 의해 암석의 단단한 부분(경암부)은 남고 약한 부분(연암부)은 깎여나감으로써 형성된 해식아치(sea arch)로, 해식절벽(해식애)에 연결되어 코끼리모양을 이루고 있습니다.

　신라 말엽의 학자 고운 최치원선생이 이곳의 맑고 푸른 바다와 해안의 백사장 및 주변의 절경에 감탄하여 남일대라 명명하였다고 합니다.
　해수욕장에서 좌측으로 400~500여m 해변을 따라서 가는 길이 있고, 주차장에서 남일대 인조잔디축구장을 지나 마을길을 따라 10여 분 가다가 데크로 내려가서 좌측으로 가는 길이 있습니다.
　이곳 남일대해수욕장 코끼리바위와 고성 상족암은 10여 분 거리에 있습니다.

시스텍

14. 사천 남일대 해수욕장 코끼리바위

해변가의 남쪽으로는 원마도가 양호한 자갈들이 분포하고, 해변의 북쪽으로 가면서 이들은 점차 세립화되어 모래로 전이되는 퇴적상의 횡적인 변화가 관찰됩니다.

해변가에는 선캄브리아누대, 서산층군의 소근리층이 분포하고 있으며, 이는 해식작용에 의해 형성된 다양한 해안침식지형(파식대, 해식절벽, 해식동굴 등)을 이루고 있습니다.

파도리 해변은 선캄브리아누대의 지층과 제4기층, 현생의 해식작용에 의해 형성된 다양한 해안 침식지형 등이 조화를 이루고 있는 곳입니다.

15. 태안 파도리 해식동굴   223

승봉도는 면적 2.22km, 해안선 길이 9.5m이며, 인천에서 남서쪽으로 42km, 덕적도(德積島)에서 남동쪽으로 14km 해상에 있습니다. 370여 년 전에 신씨와 황씨라는 두 어부가 고기잡이를 하다가 풍랑을 만나 이곳에 정착하면서 이들의 성을 따서 처음에는 신황도라고 하였는데, 그후 이곳의 지형이 봉황의 머리를 닮아 승봉도로 바뀌었다고 합니다.

16. 인천 승봉도 해식동굴

인천광역시 옹진군 자월면

인천승봉도

성당

남대문바위

남대문바위(시아치)

승봉도는 인천 연안여객터미널에서 배편을 이용하여 들어가는데 1시간 30여 분 정도 소요되며, 3시간 정도면 섬 전체를 돌아보실 수 있습니다.

하선 후 마을길로 진입하면 자그마한 성당이 나오는데, 그곳에서 이정표를 따라가면 해안가에 남대문바위로 향하는 길이 나옵니다.

부채바위(시스택)를 지나서 나무데크를 조금 따라가면 나오는 남대문 바위(시아치)는 오랜 세월 동안 해식작용에 의해서 암석 한가운데에 구멍이 뚫렸습니다. 바위 모양이 남대문처럼 거대한 문 형상이기도 하고, 보는 각도에 따라 코끼리 모습처럼 보여 코끼리바위라고도 합니다. 남대문바위에서 우측으로 조금 돌아가시면 해식절벽과 코끼리 형상을 하고 있는 바위와 사자 형상을 하고 있는 바위를 보실 수 있습니다. 들어왔던 길로 되돌아나간 다음 오솔길을 지나 언덕을 넘어 해안가에 도착하면 소리개산 밑에 있는 촛대바위(시스택)와 삼형제바위(시스택) 그리고 자그마한 해식동굴이 있습니다.

사자바위

남대문바위(코끼리바위)는 젊은 남녀에게 인기가 많은데 하트모양으로 되어 있는 이 문을 통과하면 사랑이 이루어진다는 전설

226　3장_ 해식동굴(해식애)　Formation of Sea Caves

부채바위

촛대바위로 가는 해변

촛대바위

해식동굴

해식동굴 외부

때문입니다. 조선시대 승봉도에 사랑하는 남녀가 있었는데 부모가 여자를 딴 섬으로 시집보내려고 하자 두 사람은 이 문을 넘어 영원한 사랑을 맹세했고 이후 영원히 행복하게 살았다는 이야기가 전해집니다.

부채바위(시스택)

맑은 날 햇빛이 부채바위에 부딪치면 마치 황금부채처럼 빛이 난다고 합니다.

촛대바위(시스택)

소리개산 아래 길쭉하게 서 있는 바위로 그 모습이 촛대를 닮아 촛대바위라 부르고 있습니다.

해식동굴

촛대바위에서 선착장으로 가다 보면 두 갈래 길이 나오는데 이곳에서 코끼리바위 쪽으로 가는 길 바로 아래 해변가로 진입하시면 자그마한 해식동굴이 있습니다. 규모는 그리 크지 않고 깊이는 대략 15m 정도입니다.

해식절벽과 코끼리바위(시아치)

17. 당진 장고항

충청남도 당진시 석문면 장고항리 625-10

당진 서해바다 노적봉과 촛대바위의 일몰은 당진 8경 중 최고의 명소로 손꼽을 정도로 아름답습니다. 일출의 비경은 바다 건너 왜목마을에서 관망할 수 있고 아침 해가 촛대바위에 걸리는 시기는 2월과 10월이며, 7, 8월은 노적봉과 국화도 사이 바다로 뜨는 해를 볼 수 있습니다.

노적봉과 촛대바위

해식동굴(석굴)

이곳에는 촛대바위와 해식 작용에 의해 생긴 동굴을 볼 수 있습니다.

촛대바위에서 바다쪽으로 내려가서 노적봉의 좌측으로 돌아가면 석굴(해식동굴)이 위치하고 있습니다. 전해져오는 이야기로 천정이 뚫려 하늘을 보게 된 용이 승천했다는 전설이 있어 용천굴이라고 불리기도 합니다.

노적봉

촛대바위

해식동굴(석굴)

해식동굴 후면

해식절벽

또 다른 전설에 따르면 200여 년 전 나라에 정변이 일어나서, 사람들이 참변을 당하거나 피난을 가던 때, 어린아이가 홀로 책을 메고 동굴로 들어가 7년을 공부한 끝에 장원급제를 하여 벼슬길에 올라 재상까지 하였다고 합니다. 이후 마을 사람들은 이 동굴을 신성한 곳으로 여기고 출입하지 않았다고 전해집니다.

하트 모양의 해식동굴 천장

17. 당진 장고항 231

18. 태안 구멍바위

충남 태안군 이원면 볏가리길 62

태안구멍바위

232　3장_ 해식동굴(해식애)　Formation of Sea Caves

구멍바위(시아치)와 해식절벽, 자그마한 해식동굴이 있는 이곳은 태안 볏가리마을 어촌체험장을 지난 후 바닷가 쪽으로 가면 양식장이 있고 정자가 있습니다. 그곳에서 200m 떨어진 곳에 위치하고 있습니다.

해식 작용에 의해 생성된 구멍바위는 작지만 해식절벽은 잘 발달되어 있습니다.

구멍바위 뒤쪽으로 돌아가면 자연 암석으로 만들어진 연못 모양의 파식대가 있습니다.

해식절벽

파식대

18. 태안 구멍바위

234   3장_ 해식동굴(해식애) Formation of Sea Caves

태안가의도

19. 태안 가의도

충청남도 태안군 근흥면 가의도리 가의도 '서해의 하와이'

옛날 중국의 가의라는 사람이 이 섬에 피신하여 살았으므로 가의도라고 하였다는 설과 이 섬이 신진도에서 볼 때 서쪽의 가장자리에 있어 가의섬이라고 하였다는 설이 전해집니다.

가의도는 면적 2.19km2이며 43세대가 거주하고 있는 자그마한 섬입니다.

안흥 신진항으로부터 5km 정도 떨어져 있어 배를 타면 30분도 채 걸리지 않습니다.

신진항에서 배를 타고 들어가다 보면 가의도 주변에 펼쳐진 무인도들을 볼 수 있는데, 죽도, 목개도, 정족도, 사자바위, 독립문바위, 거북바위 등이 있습니다.

19. 태안 가의도   235

가의도 신장벌해수욕장

가의도 선착장에서 하선 후 우측으로 조금 올라가면 마을이 한눈에 들어옵니다. 그곳에서 마을을 가로질러 산등성이를 타고 30분여 분 정도 가면 해수욕장이 나오는데 해수욕장이 넓지는 않지만 단단한 모래사장과 파도에 깍이고 쓸려온 자갈들로 오랜 세월의 흔적들이 펼쳐져 있습니다. 그곳에서 우측으로 해안가를 따라가다 보면 독립문바위가

❶ 신장벌해수욕장
❷ 모래사장
❸ 마을 전경

코끼리바위 / 하트

나오는데 썰물 때 가셔야 멋진 시아치를 감상할 수 있습니다.

보는 각도에 따라 독립문을 닮았다고도 하고, 코끼리바위라 부르기도 하는 이 바위는 규모가 상당히 크고 웅장합니다.

또 다른 이름으로는 '마귀할멈바위'라 불리기도 하는데 오래전에 마귀할멈이 조류가 거세기로 악명 높은 부근의 '간장목'을 건너다 속곳이 젖자 홧김에 소변을 봤는데, 그때 커다란 구멍이 뚫렸다는 전설이 전해집니다.

이곳 가의도는 차량을 가지고 들어갈 필요는 없을 것 같습니다. 섬 전체가 그리 크지 않아 도보로 섬 전체를 충분히 돌아볼 수 있고 신진항으로 돌아오기 위한 배 시간 또한 넉넉합니다.

신장벌해수욕장까지는 왕복 2시간이면 충분한데 코끼리바위를 가까이 보시려면 물때를 잘 보고 가셔야하며 바위가 미끄러워서 등산화를 착용하는 것이 안전합니다. 코끼리바위 주변에는 배낚시하는 사람들을 많이 볼 수 있습니다.

19. 태안 가의도

20. 여수 오동도

전남 여수시 수정동

　면적은 면적 0.12㎢, 해안선 길이 14㎞인 오동도는 완만한 구릉성 산지로 이루어져 있습니다. 해안은 암석해안으로 높은 해식애가 발달해 있고, 시아치, 구멍바위, 용굴, 물개바위 등으로 불리는 기암절벽이 절경을 이루고 있습니다.

❶ 코끼리바위(시아치)
❷ 파식대, 시아치
❸ 해식애, 구멍바위
❹ 오동도 등대
❺ 용굴

20. 여수 오동도

4장_ 인공동굴

    목적에 따라 굴착된 동굴로 산업용이나 군사용 목적이 대부분입니다.
    산업용 목적으로는 석탄, 광물 등 자원 용도로 하는 것들로 태백, 사북 등에 석탄채굴용, 제천 등지에 시멘트 채굴 등의 용도이며, 군사용 목적으로는 제주도 송악산 일오동굴, 황우지해안 열두 굴, 성산 일출봉 해안 동굴진지, 거문 오름 일본군 갱도진지 등이 있습니다.

1. 제주 송악산 해안 일제동굴진지

등록문화재 제313호
제주특별자치도 서귀포시 대정읍 상모리 194-2

송악산인공동굴

　1945년 무렵 건립된 이 시설물은 일제강점기 말 패전에 직면한 일본군이 해상으로 들어오는 연합군 함대를 향해 소형 선박을 이용한 자살 폭파 공격을 하기 위해 구축한 군사시설입니다. 그 형태는 'ㅡ'자형, 'H'자형, 'ㄷ'자형 등으로 되어 있으며, 제주도의 남동쪽에 있는 송악산 해안 절벽에는 15개의 인공동굴이 있는데, 너비 3~4m, 길이 20m에 이르는 이 굴들은 성산일출봉 주변의 인공동굴처럼 일본군이 어뢰정을 숨겨놓고 연합군의 공격에 대비했던 곳입니다. 한반도에서 쉽게 찾아볼 수 없는 일제강점기 군사유적지입니다.

　그 당시 제주도 주민을 강제 동원하여 해안절벽을 뚫어 만든 이 시설물은 일제 침략의 현장을 생생하게 증언함과 더불어 전쟁의 참혹함과 죽음이 강요되는 일제강점기 역사적 사실을 보여주고 있습니다.

산방산

형제섬

　동굴에서 바다 쪽을 바라볼 때 희미하게 시야에 들어오는 섬이 '형제섬'으로, 산방산 및 사계리 남쪽으로 약 1.5km 지점에 떠 있는 무인도입니다.

2. 제주도 성산 일출봉 해안 일제 동굴진지

등록문화재 제311호
제주특별자치도 서귀포시 성산읍 성산리 79

일제감정기의 일본군 군사시설의 하나로, 1945년에 구축된 동굴 형태의 군사 진지입니다.

태평양전쟁 말기 패전의 위기에 처한 일본이 제주에서 본토 방어를 위한 결7호 작전을 준비하기 위해 해상에서 상륙해 들어오는 미군 상륙정 등을 공격하기 위해 작은 목조 보트에 폭탄을 싣고 자살 공격을 감행하기 위한 일본 해군의 진양대 특공 기지입니다.

1기는 왕(王)자형, 나머지는 一자형으로 총 18곳이 구성되어 있는데 一자형 동굴진지는 신요(자살 폭파공격을 하기위한 수상특공병기)를 보관하기 위한 격납고로 구축되었습니다.

3. 황우지해안 열두굴

제주특별자치도 서귀포시 서홍동 764-1

　삼매봉해안의 황우지해안 열두굴은 모두 12개로 각각 15m 안팎의 거리를 두고 직선으로 나란히 뚫려 있으며, 높이 약 3m, 폭 약 3m~4.5m, 깊이 약 10m~30m이며, 열두동굴 중 열 번째 굴과 열한 번째 동굴이 서로 내부에서 연결되어 h자 형을 이루고 있습니다.

　황우지해안 열두굴은 제2차 세계대전 당시 일본군이 미군의 공격을 대비해 어뢰정을 숨기기 위해 만들어 놓은 군사방어용 인공굴로, 어린 병사를 훈련시켜, 소형 어뢰정으로 자폭하도록 훈련시켰으며, 이 소형 어뢰정을 숨겨두었던 장소가 바로 이곳입니다.

　황우지해안 열두굴 안쪽에서 바위들 사이로 보이는 곳이 문섬입니다.

멀리보이는 한라산

문섬

4. 거문오름 일본군 갱도진지

천연기념물 제444호
제주특별자치도 제주시 조천읍 선교로 569-36(선흘리 478)

　태평양전쟁 당시 일본군은 이곳 거문오름뿐만 아니라 제주도 전역에 걸쳐 수많은 군사시설을 만들었는데 현재까지 제주도 내에 360여 개의 오름(소형 화산체) 가운데 일본군 갱도진지 등 군사시설이 구축된 곳은 약 120여 곳으로 거문오름에서 확인된 갱도는 총 10곳입니다.

'오래된 시간의 문을 열다'
한국의 동굴

초판인쇄_ 2021년 3월 25일
초판발행_ 2021년 4월 6일
저자_ 宣法 김상일
표지디자인_ 박호주
본문디자인_ 오영아
영상편집_ 스타트메모리즈
인쇄_ 인화씨앤피
제본_ 광우제본
발행인_ 金相一
발행처_ 혜성출판사
등록번호_ 제6-0648호
주소_ 서울시 동대문구 신설동114-91 삼우빌딩A동205호
전화_ 02)2233-4468 FAX: 02)2235-6316
E-mail: hyesungbook@live.co.kr

정가: 20,000원

ISBN 979-11-86345-46-7(03910)

동굴투어전문여행사: (주)한일국제문화여유교류 T) 064)742-1777 F) 064)743-7447
E-mail: jinying6899.naver.com

*본서의 무단복제를 금합니다.